数学

巩固与提高

（第一册）

主　　编　傅钦志
副 主 编　蔡文兰
编写人员　周　晶　徐国红
　　　　　王云霞　王珍珍
　　　　　周锡娟

 南京大学出版社

前　言

当下推行的中等职业"选择性课程改革"，就是打破原有的课程体系与学制管理，以"选择性"为基本理念，而且比普通高中的余地更大．就读中等职业学校的学生，将在课程、专业、学制、直接就业还是继续升学等方面拥有更多的选择权．多样化选择，为学生点燃了"兴趣之灯"．构建多样化的选择性课程体系，学生不仅可以选择能够满足直接就业需要的"专业集群课程"，也可以选择继续升学需求的中高职衔接课程．自主选择课程、专业、方向，切实提高了学生的学习兴趣，分类扬长，提升学生自信心．本书就是根据"选择性"这一理念来组织编写的，书中每一节都有A组题(基础题)和B组题(提高题)，基础题是全体学生都必须完成的，应该达到的要求；提高题供学有余力的学生选做．每一章后面都有测试卷，供章节复习时选用．

本书的另外一个特色是"基础性"，强化基础知识、基本技能训练；在"基础知识"部分，学生课后把本节课所学内容重新梳理一次，有利于知识系统化，真正将课上所学知识内化为自己的技能．

本书由衢州中专数理组部分教师参与编写，按章节顺序编写人员分别是周晶、徐国红、王云霞、王珍珍、周锡娟．由于时间仓促，疏漏之处在所难免，恳请广大师生提出宝贵建议，便于我们不断改进和完善．

编　者

目　录

第 1 章　集　　合

本章习题答案

1.1　集　　合

1.1.1　集合的概念

一、知识要点:集合的概念,集合与元素的关系,用字母表示数集.

二、基础知识

1. 集合是____________________,组成集合的每个对象叫做这个集合的________.

2. 如果 a 是集合 A 的元素,就说__________,记作________;如果 a 不是集合 A 的元素,就说________,记作________.

3. 集合中的元素具有________性和________性.

4. 常用的数集:

全体自然数构成的集合,叫做________,记作________;

在自然数集内排除 0 的集合,记作________;

全体整数构成的集合,叫做________,记作________;

全体有理数构成的集合,叫做________,记作________;

全体实数构成的集合,叫做________,记作________.

5. 集合有时也简称__________,集合按元素的个数可分为__________和__________.

三、巩固练习

A. 基础题

1. 下列语句能构成集合的是________.

(1) 一年中有 31 天的月份

(2) 某班中素质好的学生全体

(3) 某校所有漂亮的女生全体

(4) 接近于 0 的数

(5) 某学校计算机教室中的所有计算机

(6) 某块菜地里的所有黄瓜

(7) 所有的自然数

(8) 正方形的全体

2. 用“$\in$”或“$\notin$”符号填空：

(1) a ______ $\{a,b\}$，c ______ $\{a,b\}$；　　(2) -1 ______ $\mathbf{N}$，2 ______ $\mathbf{N}$；

(3) 0 ______ $\mathbf{N}_+$，0 ______ $\mathbf{Z}$；　　(4) $\sqrt{5}$ ______ $\mathbf{Q}$，$\sqrt{5}$ ______ $\mathbf{R}$；

(5) $\frac{1}{3}$ ______ $\mathbf{Q}$，π ______ $\mathbf{Q}$.

B. 提高题

3. 指出下列集合中的元素个数，并判断是有限集还是无限集？

(1) 以方程 $x^2-4=0$ 的解构成的集合 A；

(2) 以方程 $x^2-3x+2=0$ 和方程 $x^2+x-2=0$ 的解构成的集合 B；

(3) 以不等式 $3x-2\geqslant 0$ 的解构成的集合 C.

1.1.2　集合的表示方法(第一课时)

一、知识要点：集合的表示方法.

二、基础知识

集合的表示方法，常用的有________和________.

三、巩固练习

A. 基础题

1. 下列关系中正确的是　　　　　　　　　　　　　　　　　　　　（　　）

　　A. $\varnothing \in \{0\}$　　B. $0 \subseteq \{0\}$　　C. $\{0\} = \varnothing$　　D. $0 \notin \varnothing$

2. 下列集合的表示方法正确的是　　　　　　　　　　　　　　　　（　　）

　　A. $\{3,4,4,6\}$　　B. $\{x^2-4>0\}$

　　C. $\{x|Q$ 是有理数$\}$　　D. $\{x|x$ 为正有理数$\}$

3. 用列举法表示集合$\{x|x$ 是大于 3 且小于 10 的奇数$\}$的结果是　　（　　）

　　A. $\{5,7\}$　　B. $\{5,7,9\}$　　C. $\{3,5,7\}$　　D. $\{3,5,7,9\}$

4. 若集合 $A=\{x|x^2-6x-7=0\}$，则用列举法可以表示为________.

5. 用列举法表示下列集合：

　　(1) $A=\{x\in \mathbf{N}^*|x-3<2\}$；

　　(2) $B=\{(x,y)|x+y=6, x\in \mathbf{N}, y\in \mathbf{N}\}$

6. 用性质描述法表示下列集合：

　　(1) 大于-1且小于 4 的整数构成的集合；

　　(2) 全体奇数构成的集合；

　　(3) 全体正奇数构成的集合.

B. 提高题

7. 用适当的方法表示下列集合：

　　(1) 方程 $x^2+x-6=0$ 的解集；

　　(2) 不大于 3 的正实数构成的集合.

8. 用描述法表示下列集合：

(1) 两边长分别为 3,5 的三角形,第三边可取的整数的集合；

(2) 方程 $x-2y-4=0$ 的解构成的集合.

1.1.3 集合的表示方法(第二课时)

一、知识要点:集合的表示方法.

二、基础知识

用描述法表示集合的一般形式是________________.

三、巩固练习

A. 基础题

1. 全体正偶数构成的集合可表示为 ( )

A. $\{x\in\mathbf{Z}|x$ 能被 2 整除$\}$　　B. $\{x\in\mathbf{N}|x$ 能被 2 整除$\}$

C. $\{x\in\mathbf{N}^*|x$ 能被 2 整除$\}$　　D. $\{x\in\mathbf{R}|x$ 能被 2 整除$\}$

2. 已知集合$\{1,a,b\}$,则下列命题正确的是 ( )

A. $a=b$　　B. $a\neq b$　　C. $b=1$　　D. $a=1$

3. 下列元素不属于 $A=\{x|x-3<0\}$的是 ( )

A. 3　　B. 2　　C. 1　　D. -2

4. 方程组$\begin{cases}4x+3y=25\\3x-4y=0\end{cases}$的解集为 ( )

A. $(4,3)$　　B. $\{4,3\}$　　C. $\{(4,3)\}$　　D. $\{(3,4)\}$

5. 用性质描述法表示在平面直角坐标系中的下列集合：

(1) x 轴上的点的集合；

(2) 直线 $y=x$ 上的点构成的集合；

(3) 全体菱形构成的集合.

B. 提高题

6. 用适当的方法表示大于 3 且小于 8 的实数构成的集合.

7. 已知集合 $M=\{x|x^2+x+3=0\}$，下列结论正确的是　　(　　)

A. 集合 M 中共有 2 个元素　　B. 集合 M 中共有 2 个相同的元素

C. 集合 M 中共有 1 个元素　　D. 集合 M 为空集

8. 写出集合 $\{(x,y)|x+y=3, x\in\mathbf{N}, y\in\mathbf{N}\}$ 的所有真子集.

1.1.4　集合之间的关系

一、知识要点：子集，真子集，子集的性质，集合相等.

二、基础知识

1. 如果集合 A 的任何一个元素__________集合 B 的元素，那么集合 A 是集合 B 的子集，记作 A ________ B(或 B ________ A)，读作"A ________ B"(或 B ________ A).

2. 任何一个集合是它________的子集，即 A ________ A.

3. 我们把不含任何元素的集合叫作________，记作________. 规定空集是________的子集.

4. 对于两个集合 A 与 B，如果____________________，并且________________，那么集合 A 叫做集合 B 的真子集，记作 A ________ B(或 B ________ A).

5. 对于两个集合 A 与 B，如果____________________，那么我们就说这两个集合相等，记作________；如果 $A\subseteq B$，$B\subseteq A$，则 A ________ B，又 B ________ A.

6. 对于集合 A、B、C，如果 $A\subseteq B$，$B\subseteq C$，则 A ________ C.

三、巩固练习

A. 基础题

1. 下列关系中正确的是　　(　　)

A. $a\subseteq\{a\}$　　B. $0\in\varnothing$　　C. $\{0\}=\varnothing$　　D. $\{0\}\supseteq\varnothing$

2. 下列三个说法中,正确的个数为 ( )

①已知 $M=\{1,2,3,4\}$,$N=\{4,3,2,1\}$,则 $M=N$;

②已知 $M=\{(1,2),(3,4)\}$,$N=\{(4,3)(2,1)\}$,则 $M=N$;

③已知 $M=\{\pi\}$,$N=\{3.1416\}$,则 $M=N$.

A. 0　　B. 1　　C. 2　　D. 3

3. 已知 $P=\{$菱形$\}$,$T=\{$正方形$\}$,$M=\{$平行四边形$\}$,则 P,T,M 三者关系正确的是 ( )

A. $T\subseteq P\subseteq M$　　B. $M\subseteq T\subseteq P$　　C. $M\subseteq P\subseteq T$　　D. $P\subseteq T\subseteq M$

4. 下列表示同一集合的是 ( )

A. $M=\{(3,2)\}$;$N=\{(2,3)\}$

B. $M=\{3,2\}$;$N=\{2,3\}$

C. $M=\{y|y=x,x\in\mathbf{R}\}$;$N=\{y|y=|x|,x\in\mathbf{R}\}$

D. $M=\{3,2\}$;$N=\{(3,2)\}$

5. 用适当的符号填空:

(1) 0 ________ $\{0\}$;　　(2) 0 ________ $\varnothing$;　　(3) $\{0\}$ ________ $\varnothing$;

(4) a ________ $\{a,b\}$;　　(5) $\{a\}$ ________ $\{a,b\}$;

(6) $\{1,-1\}$ ________ $\{x|x^2=1\}$.

B. 提高题

6. 已知集合 $M=\{a,b,c,d\}$,则含有元素 a 的所有真子集个数为 ( )

A. 5　　B. 6　　C. 7　　D. 8

7. 已知 $\{1,2\}\subseteq M\not\subseteq\{1,2,3,4,5\}$,写出所有这样的集合 M.

8. 已知集合 $A=\{x|2x-10\leqslant 0\}$,集合 $B=\{x|a-3x\geqslant 0\}$,且 $A\subseteq B$,求实数 a 的取值范围.

1.2 集合的运算

1.2.1 交集、并集(第一课时)

一、知识要点:交集、并集的意义及性质.

二、基础知识

1. 由所有属于集合 A ________属于集合 B 的所有元素组成的集合,叫做 A 与 B 的交集,记作:________(读作"________"),即 $A\cap B=\{x|x$ ________ A,且 x ________ $B\}$.

2. 由所有属于集合 A ________属于集合 B 的元素所组成的集合,叫做 A 与 B 的并集,记作:________(读作"________"),即 $A\cup B=\{x|x$ ________ A,或 x ________ $B\}$.

三、巩固练习

A. 基础题

1. 集合 $A=\{1,2,4,5,6\}$,$B=\{3,4,6,7,8\}$,则 $A\cap B=$________;$A\cup B=$________.

2. 设 $A=\{$奇数$\}$,$B=\{$偶数$\}$,则 $A\cap B=$________;$A\cup B=$________.

3. 若 $A=\{$菱形$\}$,$B=\{$矩形$\}$,则 $A\cap B$ 是　　(　　)

   A. $\{$平行四边形$\}$　　B. $\{$四边形$\}$

   C. $\{$正方形$\}$　　D. $\varnothing$

4. 设集合 $A=\{0,3\}$,$B=\{0,3,4\}$,$C=\{1,2,3\}$,则 $(B\cup C)\cap A=$　　(　　)

   A. $\{0,1,2,3,4\}$　　B. $\varnothing$

   C. $\{0,3\}$　　D. $\{0\}$

5. 设集合 $A=\{x|x^2-5x+6=0\}$,$B=\{x|x^2+x-12=0\}$,求 $A\cup B$,$A\cap B$.

B. 提高题

6. 满足条件$\{1,3\}\cup A=\{1,3,5\}$的所有集合A的个数是 (　　)

A. 1　　B. 2　　C. 3　　D. 4

7. 设集合$A=\{x|x^2+px+1=0\}$,若$A\cup\varnothing=\varnothing$,求$p$的取值范围.

8. 已知集合$A=\{x|2x^2-ax+b=0\}$,$B=\{x|6x^2+(a+2)x+b=0\}$,若$A\cap B=\{1\}$,求$A\cup B$.

1.2.2　交集、并集(第二课时)

一、知识要点:交集、并集的意义及性质.

二、基础知识

1. 对任何集合A、B,$A\cap A=$________,$A\cap\varnothing=$________,$A\cap B$ ________ $B\cap A$.

2. 对任何集合A、B,$A\cup A=$________,$A\cup\varnothing=$________,$A\cup B$ ________ $B\cup A$.

3. 若$A\subseteq B$,则$A\cap B=$________;$A\cup B=$________.

三、巩固练习

A. 基础题

1. 已知集合$A=\{x|x<2\}$,集合$B=\{x|x>1\}$,则$A\cap B=$ (　　)

A. $\{x|x>1\}$　　B. $\{x|1<x<2\}$　　C. $\mathbf{R}$　　D. $\varnothing$

2. 已知集合$M=\{(x,y)|x+y=2\}$,$N=\{(x,y)|x-y=4\}$,则$M\cap N=$ (　　)

A. $\{3,1\}$　　B. $\{(3,-1)\}$　　C. $\{(-1,3)\}$　　D. $\{-1,3\}$

3. 已知集合 $A=\{x|0\leqslant x\leqslant 4, x\in \mathbf{N}\}$，$B=\{x|(x-2)(x-4)=0\}$，则 $A\cap B=$ （ ）

A. $\{2\}$　　B. $\{4\}$　　C. $\{2,4\}$　　D. $\{0,4\}$

4. 设集合 $A=\{x|x\in \mathbf{Z}$ 且 $-10\leqslant x\leqslant -1\}$，$B=\{x|x\in \mathbf{Z}$，且 $-5\leqslant x\leqslant 5\}$，则 $A\cup B$中的元素个数是 （ ）

A. 11　　B. 10　　C. 12　　D. 16

5. $A=\{x|-1\leqslant x<2\}$，$B=\{x|-1<x<3\}$，则 $A\cap B=$________，$A\cup B=$________.

6. 已知关于 x 的方程 $3x^2+px-7=0$ 的解集为 A，方程 $3x^2-7x+q=0$ 的解集为 B，若 $A\cap B=\left\{-\frac{1}{3}\right\}$，求 $A\cup B$.

B. 提高题

7. 已知 $A=\{$能被 3 整除的自然数$\}$，$B=\{$能被 6 整除的自然数$\}$，求 $A\cup B$，$A\cap B$.

8. 50 名学生参加甲、乙两项体育活动，每人至少参加了一项，参加甲项的学生有 30 名，参加乙项的学生有 25 名，则仅参加了一项活动的学生有多少人?

1.2.3 补　集

一、知识要点:补集的意义及性质.

二、基础知识

1. 若 A 是全集 U 的一个子集(即 A ________ U),由 U 中所有________ A 的元素构成的集合,叫作________的补集,记作________.

2. 如果一些集合都是某一给定集合的子集,那么这个给定的集合为这些集合的________.通常用________表示.

3. 对于任意的集合 A,有 $A \cup \complement_U A =$ ________;$A \cap \complement_U A =$ ________;$\complement_U(\complement_U A) =$ ________.

三、巩固练习

A. 基础题

1. 设全集 $U=\{1,2,3,4,5\}$,已知集合 $A=\{1,2,3\}$,$B=\{2,5\}$,则 $\complement_U B \cap A=$ (　　)

A. $\{2\}$　　B. $\{2,3\}$　　C. $\{3\}$　　D. $\{1,3\}$

2. 设集合 $U=R$,集合 $M=\{x \mid x \geqslant 1\}$,则 $\complement_U M=$ (　　)

A. $\{x \mid x<1\}$　　B. $\{x \mid x \leqslant 1\}$　　C. $\{x \mid x=1\}$　　D. $\{x \mid x>1\}$

3. 设全集 $U=\{0,1,2\}$,且 $\complement_U A=\{2\}$,则 A 的真子集个数为 (　　)

A. 3　　B. 4　　C. 5　　D. 6

4. 设全集 $U=R$,已知集合 $A=\{x \mid 0 \leqslant x<3\}$,则 $\complement_U A=$ (　　)

A. $\{x \mid x>0$ 或 $x<3\}$　　B. $\{x \mid x<0$ 或 $x \geqslant 3\}$

C. $\{x \mid x \geqslant 0$ 或 $x<3\}$　　D. $\{x \mid 0 \leqslant x<3\}$

5. 已知全集 $U=\{2,3,5\}$,$A=\{a-5,2\}$,$\complement_U A=\{5\}$,求 a 的值.

6. 已知全集U,集合$A=\{1,3,5,7,9\}$, $\complement_U A=\{4,6\}$, $\complement_U B=\{1,4,7\}$,求集合$B$,$A\cap B$,$A\cup B$, $\complement_U(A\cup B)$, $\complement_U(A\cap B)$.

B. 提高题

7. 设全集$U=\{x\mid x\geqslant 0\}$,$A=\{x\mid x\geqslant 5\}$,$B=\{x\mid 1\leqslant x\leqslant 10\}$,则$\complement_U A\cap B$等于　(　　)

A. $\{x\mid 1\leqslant x\leqslant 5\}$　B. $\{x\mid 1<x\leqslant 5\}$

C. $\{x\mid 0\leqslant x<5\}$　D. $\{x\mid 0\leqslant x\leqslant 10\}$

8. 已知全集$U=\{1,2,3,4,5\}$,集合$A=\{x\mid x^2-3x+2=0\}$,$B=\{x\mid x=2a,a\in A\}$,则集合 $\complement_U(A\cup B)$ 中的元素为　(　　)

A. $(1,2)$　B. $\{3,5\}$　C. $\{1,2\}$　D. $\{(1,2)\}$

9. 设全集$U=R$,$A=\{x\mid x>0\}$,$B=\{x\mid x^2-x-12<0\}$,则 $\complement_U A\cap B=$　(　　)

A. $(0,4)$　B. $[0,4)$　C. $(-3,0]$　D. $(-3,0)$

10. 已知全集$U=R$,集合$A=\{x\mid x\leqslant 5\}$,$B=\{x\mid x\geqslant 0\}$,则 $\complement_U(A\cap B)=$________.

11. $M=\{x\mid x^2-2x-3\geqslant 0\}$,$N=\{x\mid |x|\leqslant 1\}$,则 $\complement_U(M\cap N)=$________.

12. 设全集$U=R$,已知集合$A=\{x\mid -5<x<5\}$,$B=\{x\mid 0\leqslant x<7\}$,求$A\cap B$,$A\cup B$,$A\cup\complement_U B$.

13. 集合$A=\{2,2013,\pi\}$,$B=\{x\mid 0\leqslant x<7\}$,求$A\cap B$,$A\cup B$,$A\cup\complement_U B$.

1.3 充要条件

1.3.1 命　　题

一、知识要点:理解充分条件、必要条件和充要条件的概念. 会用充分条件、必要条件和充要条件判断两个数学条件之间的关系.

二、基础知识

数学通常把能够判断真假的陈述句叫________,如果命题陈述的事件是真的,就说它是________;如果命题陈述的事件是假的,就说它是________.

三、巩固练习

A. 基础题

1. 设命题为甲:“$x>5$”,命题乙:“$x>3$”,则命题甲是命题乙的　　(　　)

   A. 必要不充分条件　　B. 充分不必要条件

   C. 既不充分也不必要条件　　D. 充要条件

2. “$x>3$”是“$x>5$”的　　(　　)

   A. 充分条件　　B. 必要条件

   C. 充要条件　　D. 既不充分也不必要条件

3. 与命题“$|x|=|y|$”等价的命题是　　(　　)

   A. $x=y$　　B. $x^3=y^3$　　C. $x^2=y^2$　　D. $\sqrt{x}=\sqrt{y}$

4. “$\sin\alpha=1$”是“$\alpha=90°$”的________条件.

5. “$x>0$”是“$x^2>0$”的________条件.

6. “$x>3$”是“$x>5$”的________条件.

B. 提高题

7. “$x>1$”是“$\frac{1}{x}<1$”成立的　　(　　)

   A. 充分不必要条件　　B. 必要不充分条件

   C. 充要条件　　D. 既不充分也不必要条件

8. “$ab=0$”是“$a^2+b^2=0$”的　　(　　)

   A. 充分条件　　B. 必要条件

C. 充要条件　　　　　　　　D. 既不充分也不必要条件

9. “$b=0$”是“二次函数 $y=ax^2+bx+c$ 的图像关于 y 轴对称”的________条件.

10. “方程 $x^2+ax+b=0$ 有实根”是“$a^2>4b$”的________条件.

1.3.2　充分条件与必要条件

一、知识要点:理解充分条件、必要条件和充要条件的概念. 会用充分条件、必要条件和充要条件判断两个数学条件之间的关系.

二、基础知识

什么是充分条件、必要条件和充要条件.

三、巩固练习

A. 基础题

1. 设集合 $A\neq\varnothing$,则“$A\cap B=\varnothing$”是“$B=\varnothing$”的　　　　(　　)

A. 充分而非必要条件　　　　B. 必要而非充分条件

C. 充要条件　　　　　　　　D. 既非充分又非必要条件

2. “$a\in(A\cup B)$”是“$a\in A$ 或 $a\in B$”的________条件,是“$a\in A$ 且 $a\in B$”的________条件.

3. $a>0,b>0$ 是 $ab>0$ 的　　　　(　　)

A. 充分不必要条件　　　　B. 必要不充分条件

C. 充要条件　　　　　　　D. 既不充分也不必要条件

4. $x^2-5x+6=0$ 是 $x=2$ 的　　　　(　　)

A. 充分不必要条件　　　　B. 必要不充分条件

C. 充要条件　　　　　　　D. 既不充分也不必要条件

5. 已知集合 $A=\{0,a,2a\}$,$B=\{0,b,b^2\}$,求 $A=B$ 的充分条件.

6. 若 $x^2-3x-4<0$,求其充要条件.

B. 提高题

7. 在$\triangle ABC$中,"$\cos A=\frac{1}{2}$"是"$A=60°$"的　　(　　)

A. 充分而非必要条件　　B. 必要而非充分条件

C. 充要条件　　D. 既非充分也非必要条件

8. 已知 p 是 q 的充要条件,r 是 s 的充分条件,q 是 s 的必要条件,r 是 q 的必要条件,则 r 是 p 的________条件,p 是 s 的________条件.

9. 已知集合 $A=\{x|x^2+ax+b\leqslant 0\}$,集合 $B=\{x|-1\leqslant x\leqslant 7\}$,求 $A=B$ 的充要条件.

集合的概念单元测试卷

（满分：100 分）

一、选择题（本大题共 10 题，每小题 4 分，满分 40 分）

1. 下列各组对象能组成集合的是 （　　）

A. 著名影星　　B. 我国的小河流

C. 衢州中专 2015 级高一学生　　D. 高中数学的难题

2. 在“① 难解的题目；② 方程 $x^2+1=0$ 在实数集内的解；③ 直角坐标平面内第四象限的一些点；④ 很多多项式”中，能够组成集合的是 （　　）

A. ②　　B. ①③　　C. ②④　　D. ①②④

3. 下面四个命题：(1) 集合 $\mathbf{N}$ 中的最小元素是 1；(2) 若 $-a\notin\mathbf{N}$，则 $a\in\mathbf{N}$；(3) $x^2+4=4x$ 的解集为 $\{2,2\}$；(4) $0.7\in\mathbf{Q}$，其中不正确命题的个数为 （　　）

A. 0　　B. 1　　C. 2　　D. 3

4. 下列各组集合中，表示同一集合的是 （　　）

A. $M=\{(3,2)\}, N=\{(2,3)\}$

B. $M=\{3,2\}, N=\{2,3\}$

C. $M=\{(x,y)\mid x+y=1\}, N=\{y\mid x+y=1\}$

D. $M=(1,2), N=\{(1,2)\}$

5. 下列结论正确的是 （　　）

A. $\varnothing=\{0\}$　　B. $0\in\{0\}$　　C. $0\subseteq\{0,1,2\}$　　D. $\varnothing\in\{0,1,2\}$

6. 集合 $A=\{x\in\mathbf{N}\mid -2<x<3\}$ 中的元素的个数是 （　　）

A. 1　　B. 2　　C. 3　　D. 4

7. 下列集合中只有 1 个元素的是 （　　）

A. $\{x\mid x^2=-1\}$　　B. $\{x\mid x^2=1\}$　　C. $\{x\mid |x|=1\}$　　D. $\{x\mid \sqrt{x}=1\}$

8. 下列方程的实数解的集合为 $\left\{\frac{1}{2},-\frac{2}{3}\right\}$ 的个数为 （　　）

(1) $4x^2+9y^2-4x+12y+5=0$；　　(2) $6x^2+x-2=0$；

(3) $(2x-1)^2(3x+2)=0$；　　(4) $6x^2-x-2=0$.

A. 1　　　B. 2　　　C. 3　　　D. 4

9. 集合 $M=\{(x,y)\mid xy\geqslant 0,x\in\mathbf{R},y\in\mathbf{R}\}$ 是指　(　　)

A. 第一象限内的点集　　　B. 第三象限内的点集

C. 在第一、三象限内的点集　　　D. 不在第二、四象限内的点集

10. 下面四个命题:(1) 集合 $\mathbf{N}$ 中的最小元素是 1;(2) 方程 $(x-1)^3(x+2)(x-5)=0$ 的解集含有 3 个元素;(3) $0\in\varnothing$;(4)不等式 $1+x>x$ 的解集为 $\varnothing$. 其中正确命题的个数是　(　　)

A. 0　　　B. 1　　　C. 2　　　D. 3

二、填空题(本大题共 5 小题,每小题 4 分,满分 20 分)

11. 用列举法表示不等式组 $\begin{cases}2x+4>0\\1+x\geqslant 2x-1\end{cases}$ 的整数解集合为________.

12. 若集合 $M=\{0,2,3,7\}$,$P=\{x\mid x=ab,a,b\in M,a\neq b\}$,则 $P=$________________(用列举法表示).

13. 抛物线 $y=x^2-1$ 上的所有点组成的集合 A 可表示为________________;那么 0 ________ A;$(0,-1)$ ________ A(均填“$\in$”或“$\notin$”).

14. 已知集合 $A=\left\{x\,\middle|\,x\in\mathbf{N},\dfrac{12}{6-x}\in\mathbf{N}\right\}$,用列举法表示集合 A 为________________.

15. 对于集合 $A=\{2,4,6\}$,若 $a\in A$,则 $6-a\in A$,那么 a 的值是________.

三、解答题(本大题共 4 题,满分 40 分)解答应写出文字说明及演算步骤.

16. (10 分)已知集合 $M=\{a,a+d,a+2d\}$,$N=\{a,aq,aq^2\}$,其中 $a\neq 0$,$M=N$,求 q 的值.

17. (10 分)已知集合 $A=\{1,2,3\}$,集合 $B=\{0,1,2\}$,定义 $A*B=\{a+b|a\in A,b\in B\}$,求集合 $A*B$.

18. (10 分)已知集合 $A=\{x|ax^2+2x+1=0,x\in\mathbf{R}\}$,$a$ 为实数,则:

(1) 若 A 是空集,求 a 的取值范围;

(2) 若 A 是单元素集,求 a 的值;

(3) 若 A 中至多只有一个元素,求 a 的取值范围.

19. (10 分)已知集合 $A=\{x\mid x=m^2-n^2, m, n\in\mathbf{Z}\}$,求证:

(1) 任何奇数都是 A 的元素;

(2) 偶数 $4k-2(k\in\mathbf{Z})$ 不属于 A.

集合的运算单元测试卷

（满分：100分）

一、选择题（本大题共10题，每小题4分，满分40分）

1. 已知全集 $U=\{1,2,3,4,5,6,7,8\}$，$A=\{3,5,7\}$，$B=\{1,5,6,7\}$，则 $\complement_U(A\cup B)=$　　（　　）

   A. $\{2,4\}$　　B. $\{5,7\}$

   C. $\{1,4,5,7\}$　　D. $\{2,4,8\}$

2. 已知全集 $U=\{0,1,2\}$，$\complement_U M=\{2\}$，则 M 的非空真子集共有　　（　　）

   A. 2个　　B. 3个　　C. 4个　　D. 5个

3. 集合 $A=\{x\mid -1\leqslant x\leqslant 2\}$，$B=\{x\mid x<1\}$，则 $A\cap\complement_R B=$　　（　　）

   A. $\{x\mid x>1\}$　　B. $\{x\mid x\geqslant 1\}$

   C. $\{x\mid 1<x\leqslant 2\}$　　D. $\{x\mid 1\leqslant x\leqslant 2\}$

4. 已知全集 $U=\mathbf{Z}$，集合 $A=\{x\mid x^2=x\}$，$B=\{-1,0,1,2\}$，则图中的阴影部分所表示的集合等于　　（　　）

   A. $\{2,-1\}$　　B. $\{-1,0\}$

   C. $\{0,1\}$　　D. $\{1,2\}$

5. 集合 $A=\{0,2,a\}$，$B=\{1,a^2\}$，若 $A\cup B=\{0,1,2,4,16\}$，则 a 的值为（　　）

   A. 0　　B. 1　　C. 2　　D. 4

6. 设全集 U 和集合 A、B、P 满足 $A=\complement_U B$，$B=\complement_U P$，则 A 与 P 的关系是　　（　　）

   A. $A=\complement_U P$　　B. $A=P$　　C. $A\subseteq P$　　D. $P\subseteq A$

7. 已知全集 $U=\{3,5,7\}$，$A=\{3,|a-7|\}$，若 $\complement_U A=\{7\}$，则 a 的值为　　（　　）

   A. 2或12　　B. -2或12

   C. 12　　D. 2

8. 已知全集 $U=\{1,2,3,4,5\}$,集合 $A=\{x \mid x^2-3x+2=0\}$,$B=\{x \mid x=2a,a\in A\}$,则集合 $\complement_U(A\cup B)$ 中元素个数为 ( )

A. 1　　B. 2　　C. 3　　D. 4

9. 已知全集 $U=A\cup B$ 中有 m 个元素,$(\complement_U A)\cup(\complement_U B)$ 中有 n 个元素. 若 $A\cap B$ 非空,则 $A\cap B$ 的元素个数为 ( )

A. mn　　B. $m+n$　　C. $n-m$　　D. $m-n$

10. 已知集合 $A=\{x|x<a\}$,$B=\{x|1<x<2\}$,且 $A\cup(\complement_{\mathbf{R}}B)=\mathbf{R}$,则实数 a 的取值范围是 ( )

A. $a\leqslant 1$　　B. $a<1$　　C. $a\geqslant 2$　　D. $a>2$

二、填空题(本大题共 5 小题,每小题 4 分,满分 20 分)

11. 已知集合 $A=\{0,2,4,6\}$,$\complement_U A=\{-1,1,-3,3\}$,$\complement_U B=\{-1,0,2\}$,则集合 $B=$ ________.

12. 设全集 $U=\mathbf{R}$,集合 $A=\{x \mid x\geqslant 0\}$,$B=\{y \mid y\geqslant 1\}$,则 $\complement_U A$ 与 $\complement_U B$ 的包含关系是________.

13. 设全集 $U=\mathbf{R}$,集合 $A=\{x \mid x<-1$ 或 $2\leqslant x<3\}$,$B=\{x \mid -2\leqslant x<4\}$,则$(\complement_U A)\cup B=$ ________.

14. 若 $P=\{(x,y)|2x-y=3\}$,$Q=\{(x,y)|x+2y=4\}$,则 $P\cap Q=$ ________.

15. 若 $U=\{1,3,a^2+2a+1\}$,$A=\{1,3\}$,$\complement_U A=\{4\}$,则 $a=$ ________.

三、解答题(本大题共 4 题,满分 40 分)解答应写出文字说明及演算步骤.

16. (10 分) 已知全集 $U=\mathbf{R}$,$A=\{x \mid -4\leqslant x<2\}$,$B=\{x \mid -1<x\leqslant 3\}$,

$P=\left\{x \middle| x\leqslant 0 \text{ 或 } x\geqslant \frac{5}{2}\right\}$,求 $A\cap B$,$P\cup(\complement_U B)$,$(A\cap B)\cap \complement_U P$.

17. (10 分) 设全集 $U=\{20$ 以内所有素数$\}$,$A\cap(\complement_U B)=\{3,5\}$,$B\cap(\complement_U A)=\{7,19\}$,$(C_U B)\cap(\complement_U A)=\{2,17\}$,求集合 A、B.

18. (10 分) 已知集合 $A=\{x\mid x^2+ax+12b=0\}$,$B=\{x\mid x^2-ax+b=0\}$,且满足 $B\cap(\complement_U A)=\{2\}$,$A\cap(\complement_U B)=\{4\}$,$U=\mathbf{R}$,求实数 a,b 的值.

19. (10 分)已知集合 $A=\{x|2a-2<x<a\}$,$B=\{x|1<x<2\}$,且 $A\subsetneqq\complement_R B$,求实数 a 的取值范围.

集合测试卷

(满分:100 分)

一、选择题(本大题共 20 题,每小题 2 分,满分 40 分)

1. 下列语句中能确定一个集合的是 ( )

A. 在某一时刻,浙江省新生婴儿的全体

B. 非常小的数的全体

C. 身体好的同学的全体

D. 十分可爱的熊猫的全体

2. 下列关系中正确的是 ( )

A. $\varnothing=0$　　B. $\varnothing\subseteq\{0\}$

C. $\{0\}=\varnothing$　　D. $0=\{0\}$

3. 下列数集中,为无限集的是 ( )

A. $\{1,2,3,\cdots,9,10\}$　　B. $\{x|x^2-2x-3=0\}$

C. $\{x|x-1<3\}$　　D. $\{1,2,3,\cdots,99,100\}$

4. 下列式子中,不正确的是 ( )

A. $3\in\{x|x<5\}$　　B. $\{0\}\cup\varnothing=\varnothing$

C. $\{-3,-1\}\subseteq\{x|x<0\}$　　D. $-3\in\{x|x<0\}$

5. 集合$\{x|x^2-4x+3=0\}=$ ( )

A. $\{1\}$　　B. $\{3\}$　　C. $1,3$　　D. $\{1,3\}$

6. 已知集合 $A=\{0,1,2\}$,$B=\{0,1,5\}$,$C=\{1,2,3,5\}$,则$(B\cup C)\cap A=$ ( )

A. $\{0,1,2,3,5\}$　　B. $\{0,1,2\}$　　C. $\{0\}$　　D. $\varnothing$

7. 下列的关系不正确的是 ( )

A. $0\in\mathbf{N}$　　B. $\pi\in\mathbf{R}$　　C. $(\sqrt{2})^2\in\mathbf{Q}$　　D. $-3\notin\mathbf{Z}$

8. 用列举法表示集合$\{(x,y)|x+y=5$ 且 $2x-y=4\}$,正确的是 ( )

A. $\{(3,2)\}$　　B. $(3,2)$　　C. $(2,3)$　　D. $\{(2,3)\}$

9. 设 $P=\{x|x>0\}$,$Q=\{x|-1<x<2\}$,那么 $P\cap Q=$ ( )

A. $\{x|x>0$ 或 $x\leqslant-1\}$　　B. $\{x|0<x<2\}$

C. $\{x|x>0$ 且 $x\leqslant -1\}$ D. $\{x|x\geqslant 2\}$

10. 已知集合 $A=\{x\mid -3\leqslant x\leqslant 3, x\in \mathbf{N}\}$,$B=\{x\mid -2\leqslant x\leqslant 2, x\in \mathbf{Z}\}$,则$A\cap B$ 等于 ( )

A. $\{0,1,2\}$ B. $\{-1,0,1,2,3\}$

C. $\{-1,0,1,2\}$ D. $\{1,2\}$

11. 已知全集 $U=\mathbf{R}$,集合 $A=\{x\mid -3\leqslant x<2\}$,则 $\complement_U A=$ ( )

A. $\{x\mid x\leqslant -3$ 或 $x\geqslant 2\}$ B. $\{x\mid x\leqslant -3$ 或 $x>2\}$

C. $\{x\mid x<-3$ 或 $x>2\}$ D. $\{x\mid x<-3$ 或 $x\geqslant 2\}$

12. 由 a^2,$2-a$,4 组成一个集合 A,A 中含有 3 个元素,则实数 a 的取值可以是 ( )

A. 1 B. -2 C. 6 D. 2

13. 下列集合表示法正确的是 ( )

A. $\{1,2,2\}$

B. {全体实数}

C. {有理数}

D. 不等式 $x^2-5>0$ 的解集为$\{x^2-5>0\}$

14. 集合$\{x\in \mathbf{N}^* \mid x<5\}$的另一种表示法是 ( )

A. $\{0,1,2,3,4\}$ B. $\{1,2,3,4\}$

C. $\{0,1,2,3,4,5\}$ D. $\{1,2,3,4,5\}$

15. 由大于-3 且小于 11 的偶数所组成的集合是 ( )

A. $\{x|-3<x<11, x\in \mathbf{Q}\}$ B. $\{x|-3<x<11\}$

C. $\{x|-3<x<11, x=2k, k\in \mathbf{N}\}$ D. $\{x|-3<x<11, x=2k, k\in \mathbf{Z}\}$

16. 已知集合 $M=\{(x,y)|4x+y=6\}$,$P=\{(x,y)|3x+2y=7\}$,则 $M\cap P$ 等于 ( )

A. $(1,2)$ B. $\{1\}\cup\{2\}$ C. $\{1,2\}$ D. $\{(1,2)\}$

17. 已知集合 $A=\{x\in \mathbf{R}|x\leqslant 5\}$,$B=\{x\in \mathbf{R}|x>1\}$,那么 $A\cap B$ 等于 ( )

A. $\{1,2,3,4,5\}$ B. $\{2,3,4,5\}$

C. $\{2,3,4\}$ D. $\{x\in \mathbf{R}|1<x\leqslant 5\}$

18. 集合 A 有 10 个元素,集合 B 有 8 个元素,集合 $A\cap B$ 有 3 个元素,则集合 $A\cup B$的元素个数为 ( )

A. 10 B. 8 C. 18 D. 15

19. 已知集合 $A=\{0,1,2,3,4,5\}$,$B=\{1,3,6,9\}$,$C=\{3,7,8\}$,则 $(A\cap B)\cup C$ 等于 ( )

A. $\{0,1,2,6\}$　B. $\{3,7,8,\}$　C. $\{1,3,7,8\}$　D. $\{1,3,6,7,8\}$

20. 定义 $A-B=\{x|x\in A$ 且 $x\notin B\}$,若 $A=\{1,2,3,4,5\}$,$B=\{2,3,6\}$,则 $A-(A-B)$ 等于 ( )

A. $\{2,3,6\}$　B. $\{2,3\}$　C. $\{1,4,5\}$　D. $\{6\}$

二、填空题(本大题共 8 小题,每小题 3 分,满分 24 分)

21. 平面直角坐标系内第二象限的点组成的集合为__________.

22. 设 $A=\{x|x>1\}$,$B=\{x|x>a\}$,且 $A\subseteq B$,则 a 的取值范围为__________.

23. 已知集合 $A=\{x,y\}$,$B=\{2,2y\}$,若 $A=B$,则 $x+y=$__________.

24. 满足 $\{a,b\}\cup B=\{a,b,c\}$ 的集合 B 的个数是__________.

25. $A=\{-1,0,1,2,3\}$,$B=\{-3,-2,0,1,2\}$,则 $A\cap B=$__________.

26. 设 $U=\{$绝对值小于4的整数$\}$,$A=\{0,1,2,3\}$,则 $\complement_U A=$__________.

27. 集合 $P=\{x\mid x$ 是正方形$\}$,$Q=\{x\mid x$ 是对角线互相垂直的矩形$\}$,则 P 与 Q 之间的关系是__________.

28. $M=\{(x,y)|x+y=1,x\in\mathbf{N},y\in\mathbf{N}\}$,用列举法表示集合 $M=$__________.

三、判断题(本大题共 2 小题,每小题 4 分,满分 8 分)

29. 集合 $A=\{1,2,3,4\}$ 的子集共有 8 个. ( )

30. 由 $-1,0,-1,0$ 构成的集合共有 4 个元素. ( )

四、解答题(本大题共 4 题,满分 28 分)解答时应写出文字说明及演算步骤.

31. (8 分)设集合 $A=\{1,4,x\}$,$B=\{1,x^2\}$,且 $A\cup B=\{1,4,x\}$,求满足条件的实数 x.

32. (8 分)已知集合 $A=\{x|kx^2-8x+16=0\}$只有一个元素,试求实数 k 的值,并用列举法表示集合 A.

33. (6 分) 已知全集 $U=\mathbf{R}$,集合 $A=\{x\mid 0<x<2\}$,$B=\{x\mid x>1$ 或 $x<-3\}$,求:

(1) $(\complement_U A)\cap(\complement_U B)$;

(2) $(\complement_U A)\cup(\complement_U B)$.

34. (6 分)已知 $A=\{x|a\leqslant x\leqslant a+3\}$,$B=\{x|x<-1$ 或 $x>5\}$.

(1) 若 $A\cap B=\varnothing$,求 a 的取值范围;

(2) 若 $A\cup B=B$,求 a 的取值范围.

第2章　不 等 式

本章习题答案

2.1　不等式的性质

2.1.1　实数比较大小的基本方法

一、知识要点：实数与数轴上的点的一一对应关系，两个实数的基本性质，作差比较法判断两个数或两个代数式的大小.

二、基础知识

1. 实数与数轴上的________之间可以建立起________关系. 位于数轴上左边的点对应的实数________右边的点对应的实数.

2. $a-b>0\Leftrightarrow$________；$a-b=0\Leftrightarrow$________；$a-b<0\Leftrightarrow$________.

3. 把下列语句用不等式表示：

(1) a 是正数________；　(2) a 是非正数________；

(3) a 是负数________；　(4) a 是非负数________.

4. 用“>”或“<”填空：

(1) -12 ________ -8；　(2) $\frac{3}{8}$ ________ $\frac{5}{12}$；

(3) $-\frac{8}{11}$ ________ $-\frac{7}{9}$.

三、巩固练习

A. 基础题

1. 下列实数比较大小，正确的是　(　　)

A. $(-2)^2>(-3)^2$　B. $5\times(-3)>4\times(-3)$

C. $\left(-\frac{1}{2}\right)^3>\left(-\frac{1}{2}\right)^2$　D. $\left|-\frac{1}{9}\right|=\left(\frac{1}{3}\right)^2$

2. 下列实数比较大小,错误的是 (　　)

A. $\left(-\frac{1}{4}\right)<\left(-\frac{1}{5}\right)$　　B. $\frac{1}{2}>\frac{1}{3}$

C. $-\frac{15}{17}<-\frac{8}{9}$　　D. $x^2\geqslant 0$

3. 设 $P=(x+2)(x+4)$,$Q=(x+3)^2$,则 P 与 Q 的大小关系是 (　　)

A. $P\leqslant Q$　　B. $P<Q$　　C. $P\geqslant Q$　　D. $P>Q$

4. 比较下列两个代数式的大小:

(1) $(x-2)(x-4)$与$(x-3)^2$;　　(2) $(x+4)^2$ 与 $(x+2)(x+6)$.

B. 提高题

5. 比较下列两个代数式的大小:

(1) $3x^2-x+1$ 与 $2x^2+x-3$;

(2) x^2+x 与 $3x-2$;

(3) a^2+b^2+5 与 $2(2a-b)$.

2.1.2 不等式的基本性质

一、知识要点:理解不等式的基本性质及其推论,不等式性质的基本应用.

二、基础知识

1. 对称性:$a>b\Rightarrow$ ____________.

2. 传递性:$a>b,b>c\Rightarrow$ ____________.

3. 加法原则:$a>b, c\in \mathbf{R}\Rightarrow$ ________;$a>b, c>d\Rightarrow$ ________.

4. 乘法原则:$a>b, c>0\Rightarrow$ ________;$a>b, c<0\Rightarrow$ ________;$a>b>0$, $c>d>0\Rightarrow$ ________.

三、巩固练习

A. 基础题

1. 用“$>$”或“$<$”填空:

(1) $x+5$ ________ $x+2$;　　(2) $a+5$ ________ $b+5$ $(a<b)$;

(3) $a-3$ ________ $a-1$;　　(4) $0.5a$ ________ $0.5b(a>b)$;

(5) $-\frac{1}{5}a$ ________ $\frac{1}{5}b(a<b)$;　　(6) $a-c$ ________ $b-d(a>b, c<d)$.

2. 选择题

(1) 已知 $x<y$,则下列式子中错误的是　　(　　)

A. $y>x$　　B. $x-8<y-8$　　C. $5x<5y$　　D. $-3x<-3y$

(2) 下列不等式正确的是　　(　　)

A. $5-a>3-a$　　B. $5a>3a$

C. $\frac{5}{a}>\frac{2}{a}$　　D. $5+a>3-a$

(3) 已知 $a>b>c$,则下面式子一定成立的是　　(　　)

A. $ac>bc$　　B. $a-c>b-c$　　C. $\frac{1}{a}<\frac{1}{b}$　　D. $a+c=2b$

(4) 下列关于不等式的命题为真命题的是　　(　　)

A. $a^2>b^2\Rightarrow a>b$　　B. $a>b\Rightarrow\frac{1}{a}>\frac{1}{b}$

C. $\frac{1}{a}<1\Rightarrow a>1$　　D. $a<b\Rightarrow a+c<b+c$

3. 根据不等式的基本性质,把下列不等式化成“$x<a$”或“$x>a$”(a 为常数)的形式:

(1) $3(2x-3)<10$;　　(2) $\frac{x-3}{2}>\frac{2x+1}{3}-1$.

B. 提高题

4. 选择题

(1) 若$(-a)b>0$,则　　　　（　　）

A. $a<0,b<0$　　　　B. $a<0,b>0$ 或 $a>0,b<0$

C. $a>0,b<0$　　　　D. $a>0,b>0$ 或 $a<0,b<0$

(2) 已知$a<0,-1<b<0$,则　　　　（　　）

A. $a>ab>ab^2$　　　　B. $ab^2>ab>a$

C. $ab>a>ab^2$　　　　D. $ab>ab^2>a$

(3) 已知$a<b<0$,下列不等式正确的是　　　　（　　）

A. $\frac{1}{a}<\frac{1}{b}$　　　　B. $\frac{b}{a}>1$

C. $a^2<b^2$　　　　D. $|b|<-a$

5. 用符号“>”或“<”填空：

(1) 若$a>b$,且a,b同号,则$\frac{1}{a}-\frac{1}{b}$________0；

(2) 若$a>b>0,c<d<0$,则ac________bd；

(3) 若$0<a<b,c<d<0$,则$a-d$________$b-c$,$\frac{b}{a-d}$________$\frac{a}{b-c}$.

2.2　算术平均数和几何平均数的性质

一、知识要点

1. 了解正数的算术平均数与几何平均数的概念及其性质.

2. 理解均值定理成立的条件并掌握均值定理.

二、基础知识

1. a^2 ________0.

2. 若a、$b\in\mathbf{R}$,则$a^2+b^2\geqslant 2ab$,当且仅当________等号成立.

3. 均值定理:若a ____0,b ____0,则$a+b$ ________$2\sqrt{ab}$,当且仅当________等号成立.

4. 对于两个正数,当“和为定值时,积有最________值;当积为定值时,和有最________值”.

三、巩固练习

A. 基础题

1. 已知 $a>0,b>0$,则

(1) 若 $a+b=16$,则 ab 最大值是________;

(2) 若 $ab=9$,则 $a+b$ 最小值是________.

2. 已知 $x>0$,若 $3x+\frac{3}{x}$ 取最小值,则 $x=$________.

3. 已知 $0<a<8$,则 $a(8-a)$ 的最大值为________.

4. 若 $a>1$,则 $\frac{1}{a-1}+a$ 的最小值为________.

5. 已知 $a>0$,则 $2a+\frac{8}{a}-7$ 的最小值为________.

6. 若 $a>0,b>0$,则 $\frac{b}{a}+\frac{a}{b}$ 的最小值为________.

7. 若 $3>x>0,y>0$,且 $2x+y=6$,则 xy 的最大值为________.

B. 提高题

8. 若 $x>0$,则当 $x=$________时,$10-\frac{32}{x}-2x$ 的最大值为________.

9. 已知 $0<x<5$,求 $2x(5-x)$ 的最大值.

10. 若 $x>0,y>0$,且 $\frac{1}{x}+\frac{1}{y}=1$,求 xy 的最小值.

2.3 不等式的解法

2.3.1 不等式的解集及区间

一、知识要点

1. 了解不等式解集及区间的概念并能正确的表示区间.
2. 会用区间表示不等式的解集.
3. 会用集合的性质描述法表示区间.
4. 会用数轴表示区间.

二、基础知识

1. a 和 b 称为区间的端点.在数轴上表示一个区间时,若区间包括端点,则端点用________点表示;若区间不包括端点,则端点用________点表示(填“空心”或“实心”).

2. 区间的左端点的值要________(填“大于”或“小于”)右端点的值.

三、巩固练习

A. 基础题

1. 下列说法正确的是 ( )

   A. $\frac{1}{x}=1$ 是不等式

   B. 不等式 $-x>0$ 没有解

   C. $x=3$ 是一元一次不等式 $x+1>3$ 的解

   D. 一元一次不等式 $x+1>3$ 的解是 $x=3$

2. 下列区间的写法正确的是 ( )

   A. $[-2,2]$　　B. $(2.3,0)$　　C. $[5,-1)$　　D. $[3,3)$

3. 区间 $[3,6)$ 是 ( )

   A. 闭区间　　B. 开区间

   C. 半闭半开区间　　D. 以上答案都不对

4. 用区间表示下列不等式的解集:

   (1) $\{x|x\leqslant 2\}$;

(2) $\{x|-2<x<1\}$;

(3) $\{x|3<x\leqslant 5\}$;

(4) $\{x|x\neq -1\}$;

(5) $\{x|x>4\}$.

5. 用集合的性质描述法表示下列各区间:

(1) $[-7,6]$;　　(2) $\left(1,\dfrac{3}{2}\right)$;

(3) $(-8,-1]$;　　(4) $[-1,4.5)$.

B. 提高题

6. 已知 $x\in[2,4]$,则代数式 $x-4$ 的值是　　(　　)

A. 非负数　　B. 正数　　C. 负数　　D. 0

7. 已知 $A=\{x|-1\leqslant x<4\}$,$B=\{x|x<a\}$,若 $A\subseteq B$,求 a 的取值范围.

2.3.2　一元一次不等式及其解法

一、知识要点:掌握一元一次不等式的解法,会运用一元一次不等式解决简单的实际问题.

二、基础知识

1. 一般地,只含有________个未知数,并且未知数的次数是________的不等式,叫做一元一次不等式.

2. 解一元一次不等式的步骤一般有(举例说明):

解不等式 $2(x+2)-\frac{x}{5}>\frac{3x}{2}+1$.

$20(x+2)-2x>15x+10$, (　　　)

$20x+40-2x>15x+10$, (　　　)

$20x-2x-15x>10-40$, (　　　)

$3x>-30$, (　　　)

$x>-10$. (　　　)

所以原不等式的解集是______________.

三、巩固练习

A. 基础题

1. 对于一元一次不等式 $ax>b(a\neq0)$,当 $a>0$ 时,解集是____________;当 $a<0$ 时,解集是____________.

2. (1) 不等式 $3x>-9$ 的解集是________;

(2) 不等式 $-3x>6$ 的解集是________;

(3) 不等式 $\frac{x}{3}>1$ 的解集是________;

(4) 不等式 $2(2-x)<3(x+10)$ 的解集是________.

3. 解下列不等式:

(1) $\frac{3x+2}{3}-\frac{x-1}{2}\leqslant0$;　　　　(2) $-\frac{1}{3}x+4>7x-5$.

B. 提高题

4. 设 $A=\{x|x-1>0\}$,$B=\{x|-2x+4>0\}$,则 $A\cap B=$____________.

5. 某商店以每辆 200 元的进价购入 500 辆自行车,之后以每辆 300 元的价格销售,45 天后自行车的销售款就超过了这批自行车的进货款,问此时至少已经出售了多少辆自行车?

2.3.3 一元一次不等式组及其解法

一、知识要点:掌握一元一次不等式组的解法,会运用一元一次不等式组解决简单的实际问题.

二、基础知识

一元一次不等式组解集的一般形式:

设 $a<b$	$\begin{cases}x>a\\x>b\end{cases}$	$\begin{cases}x<a\\x<b\end{cases}$	$\begin{cases}x>a\\x<b\end{cases}$	$\begin{cases}x<a\\x>b\end{cases}$
解　集				

三、巩固练习

A. 基础题

1. 写出下列不等式的解集:

(1) $\begin{cases}x>-3\\x>2\end{cases}$ 的解集是________________;

(2) $\begin{cases}x<\dfrac{4}{5}\\x<2\end{cases}$ 的解集是________________;

(3) $\begin{cases}x\geqslant 3\\x<0\end{cases}$ 的解集是________________;

(4) $\begin{cases} x \geqslant -1 \\ x \leqslant 5 \end{cases}$ 的解集是________________.

2. 解下列不等式组：

(1) $\begin{cases} 2(x+3) \leqslant -x-6 \\ \dfrac{x+1}{2} > -5 \end{cases}$； (2) $\begin{cases} 3-x>0 \\ 1+\dfrac{2x-3}{5} < \dfrac{x-1}{3} \end{cases}$.

B. 提高题

3. 解不等式组：$\begin{cases} 4+3x>x \\ 7x-2<5x-1 \\ \dfrac{x}{4}-3 \leqslant 8x \end{cases}$.

4. 已知一个长方形足球场的长为 x(m)，宽为 60 m，若足球场的周长大于 332 m，面积小于 6 540 m^2，求 x 的取值范围，并判断这个球场可不可以作国际足球比赛的场地(用于国际比赛的足球场的长在 100 m 到 110 m 之间，宽在 58 m 到 75 m 之间)？

2.3.4 一元二次不等式的解法

一、知识要点:掌握一元二次不等式的解法,会运用一元二次不等式解决简单的问题.

二、基础知识

1. 一般地,只含有________个未知数,并且未知数的最高次数是________的不等式,叫做一元二次不等式.

2. 一元二次不等式的一般形式是______________或______________.

3. 一元二次不等式解法的一般步骤为:

$\Delta=b^2-4ac$ $a>0$	$\Delta>0$	$\Delta=0$	$\Delta<0$
一元二次方程 $ax^2+bx+c=0$ 的根			
一元二次不等式 $ax^2+bx+c>0$ 的解集			
一元二次不等式 $ax^2+bx+c<0$ 的解集			

三、巩固练习

A. 基础题

1. 不等式$(x+1)(2-x)\leqslant 0$ 的解集是 ( )

A. $[-2,1]$　　B. $[-1,2]$

C. $(-\infty,-1]\cup[2,+\infty)$　　D. $(-\infty,-2]\cup[-1,+\infty)$

2. 不等式 $4x^2+4x+1\leqslant 0$ 的解集为 ( )

A. $\varnothing$　　B. $\{-2\}$　　C. $\left\{-\frac{1}{2}\right\}$　　D. $\mathbf{R}$

3. 不等式 $x^2-x+1<0$ 的解集是 ( )

A. $\varnothing$　　B. $\{2\}$　　C. $\left\{\frac{1}{2}\right\}$　　D. $\mathbf{R}$

4. 不等式 $x^2<x$ 的解集是　(　　)

A. $\{x|x<1\}$　　B. $\{x|0<x<1\}$

C. $\{x|x>0\}$　　D. $\{x|x<0\}$

5. 解下列不等式：

(1) $2x^2-11x+9\leqslant 0$；　　(2) $x^2-x>6$；

(3) $4(x^2-2x+1)>x(4-5x)$；　　(4) $-1<x^2+2x-1\leqslant 2$.

B. 提高题

6. 已知不等式 $ax^2+5x+b>0$ 的解集为$\{x|2<x<3\}$，求 a,b 的值.

7. 当 m 为何值时，方程 $mx^2-(2m+1)x+m=0$ 有实数根？

2.3.5 含绝对值的不等式的解法

一、知识要点:掌握含绝对值的不等式的概念及其解法.

二、基础知识

1. 一般地,绝对值符号内含有________的不等式,叫做绝对值不等式.
2. 对任意的实数 x,则

$$|x|=\begin{cases}\_\_\_\_\_\_\_\_ & (x<0)\\ \_\_\_\_\_\_\_\_ & (x=0).\\ \_\_\_\_\_\_\_\_ & (x>0)\end{cases}$$

3. 一般地,如果 $a>0$,则

$$|x|>a\Leftrightarrow \_\_\_\_\_\_\_\_\_\_,$$
$$|x|\geqslant a\Leftrightarrow \_\_\_\_\_\_\_\_\_\_,$$
$$|x|<a\Leftrightarrow \_\_\_\_\_\_\_\_\_\_,$$
$$|x|\leqslant a\Leftrightarrow \_\_\_\_\_\_\_\_\_\_.$$

三、巩固练习

A. 基础题

1. 不等式 $|x+2|\leqslant 4$ 的解集是 ( )

A. $[-2,1]$　　B. $[-6,2]$

C. $(-\infty,-6]\cup[2,+\infty)$　　D. $(-\infty,-2]\cup[1,+\infty)$

2. 不等式 $|3-x|>0$ 的解集为 ( )

A. $\varnothing$　　B. $\{x|x\neq-3\}$　　C. $\{x|x\neq 3\}$　　D. $\mathbf{R}$

3. 不等式 $\left|\dfrac{x}{2}\right|\leqslant 1$ 的解集是 ( )

A. $\varnothing$　　B. $[-2,2]$

C. $(-\infty,-2]\cup[2,+\infty)$　　D. $\mathbf{R}$

4. 不等式 $\left|\dfrac{5x}{2}+3\right|\geqslant 1$ 的解集是 ( )

A. $[-2,3]$　　B. $\left[-\dfrac{8}{5},-\dfrac{4}{5}\right]$

C. $\left(-\infty,-\frac{8}{5}\right]\cup\left[-\frac{4}{5},+\infty\right)$　　D. $\mathbf{R}$

5. 解下列不等式：

(1) $\left|\frac{1}{3}x+4\right|\leqslant\frac{1}{2}$；　　(2) $|3-2x|>6$；

(3) $|x|-4>-5$；　　(4) $|-3x-5|-6\leqslant 2$.

B. 提高题

6. 已知不等式$|x-a|\leqslant b$的解集为$\{x|-5\leqslant x\leqslant 7\}$，求$a,b$的值.

7. 解不等式$3<|9x-2|<25$.

8. 解不等式$||x|-2|\leqslant 1$.

2.4　不等式的应用

一、知识要点:掌握不等式在实际问题中的应用.

二、巩固练习

A. 基础题

1. 设集合$M=\{x|x^2-4x-5\leqslant 0\}$,$N=\{x|x>a\}$,且$M\cap N=\varnothing$,求实数$a$的取值范围.

2. (1) 已知$x>0$,则$4x+\dfrac{9}{x}$的最小值是________________;

(2) 已知$x<0$,则$-x-\dfrac{4}{x}$的最小值是________________;

(3) 已知$x>0$,则$-3x-\dfrac{6}{x}$的最大值是________________;

(4) 已知$x>2$,则$x+\dfrac{6}{x-2}$的最小值是________________;

(5) 已知$x>0$,$y>0$,$x+y=4$,则xy的最大值是________________.

3. 用长为100 m的绳子围成一个矩形,问长、宽各为多少时,围成的矩形面积最大?

4. 用长为 60 m 的篱笆材料，利用已有的一面墙作为一边，围成一块矩形菜地，那么矩形的长、宽各为多少时，这块菜地的面积最大？最大面积是多少？

B. 提高题

5. 如果对于任意实数 x，有不等式 $x^2+2(1+k)x+2+2k>0$ 恒成立，求 k 的取值范围.

6. 某工人打算用一根长为 12 m 的木材，做一个日字形的窗框，求窗框的高和宽各为多少时，透光面积最大？最大面积是多少？

7. 已知函数 $y=(a-1)x^2+2(a-1)x-2$ 的图像都在 x 轴下方，求实数 a 的取值范围.

不等式测试卷

(满分:100 分)

一、选择题(本大题共 15 题,每小题 3 分,满分 45 分)

1. 在数轴上表示不等式 $x<2$ 的解集,其中正确的是 ( )

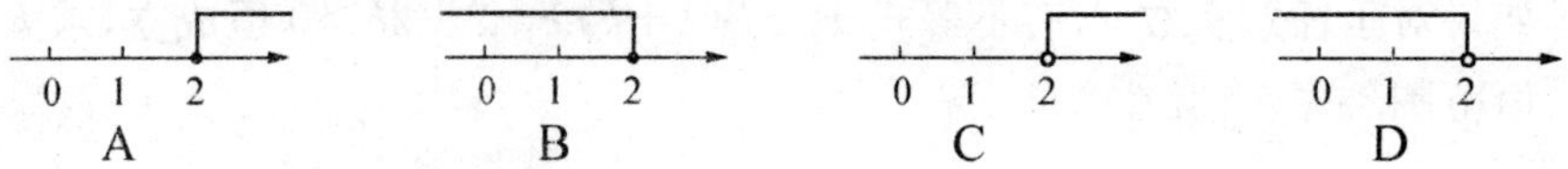

A　　B　　C　　D

2. 若 $m<n$,则下列各式中正确的是 ( )

A. $m-3>n-3$　　B. $3m>3n$

C. $-3m>-3n$　　D. $\frac{m}{3}-1>\frac{n}{3}-1$

3. 下列不等式解法正确的是 ( )

A. 由 $-x>6$,得 $x>-6$　　B. 由 $2x<-12$,得 $x>-6$

C. 由 $x-1<-5$,得 $x>-4$　　D. 由 $-\frac{1}{2}x\leqslant 3$,得 $x\geqslant -6$

4. 若 $a>0,b>0$,则下列不等式正确的是 ( )

A. $ab>0$　　B. $a-b>0$

C. $\frac{a}{b}<0$　　D. $b-a<0$

5. 由 $m>n$ 得到 $ma^2>na^2$,则 a 应该满足的条件是 ( )

A. $a>0$　　B. $a<0$　　C. $a\neq 0$　　D. a 为任意有理数

6. 不等式组$\begin{cases}2x-4\geqslant 0\\6-x>3\end{cases}$的解集是 ( )

A. $(-2,2)$　　B. $[2,3)$

C. $(-\infty,3)\cup(2,+\infty)$　　D. $(-\infty,2]\cup(3,+\infty)$

7. 已知不等式组$\begin{cases}x>2\\x>m\end{cases}$的解集为 $x>2$,则 ( )

A. $m>2$　　B. $m<2$　　C. $m=2$　　D. $m\leqslant 2$

8. 设 a,b 是实数，下面四个结论中，正确的是 ( )

(1) 如果 $a<b<0$，则 $a^2<b^2$；

(2) 如果 $4a>4b$，则 $a>b$；

(3) 如果 $-\frac{a}{2}<-b$，则 $a<2b$；

(4) 如果 $a<b<0$，则 $a\cdot b>0$.

A. (1)和(2) B. (2)和(4) C. (1)和(4) D. (2)和(3)

9. 不等式 $2x-x^2>0$ 的解集是 ( )

A. $(-\infty,0)\cup(2,+\infty)$

B. $(0,2)$

C. $[0,2]$

D. $\mathbf{R}$

10. 如果 $P=\{x|2x^2-7x+5<0\}$，$Q=\{x|0<x<10\}$，那么 ( )

A. $P\cap Q=\varnothing$ B. $P\supseteq Q$ C. $P\subseteq Q$ D. $P\cup Q=R$

11. 设 $A=(-1,3)$，$B=(2,4]$，则 $A\cup B=$ ( )

A. $(-1,3)$ B. $(2,4]$ C. $(-1,4]$ D. $[2,3)$

12. 不等式组$\begin{cases}x^2-1<0\\x^2-3x<0\end{cases}$的解集为 ( )

A. $(-1,1)$ B. $(0,3)$ C. $(0,1)$ D. $(-1,3)$

13. 如果 $a<0$，那么不等式 $a(x-2)<0$ 的解集是 ( )

A. $(-2,2)$ B. $(0,2)$ C. $(2,+\infty)$ D. $(-\infty,2)$

14. 使 $\sqrt{x^2-2x-8}$ 有意义的 x 的取值范围是 ( )

A. $(-\infty,-2)$

B. $(4,+\infty)$

C. $\varnothing$

D. $(-\infty,-2]\cup[4,+\infty)$

15. 某种商品的进价为 800 元，出售时标价为 1 200 元，后来由于该商品积压，商店准备打折销售，但要保证利润率不低于 5%，则至少可打 ( )

A. 6 折 B. 7 折 C. 8 折 D. 9 折

二、填空题（本大题共 5 小题，每小题 3 分，满分 15 分）

16. 对于下列各式中：

① $5>3$；② $x+8\neq7$；③ $a<0$；④ $y-7=4$；⑤ $3x+2y+6xy$；⑥ $a^2+1>5$；⑦ $a+b\geqslant0$. 不等式有________（只填序号）.

17. 利用不等式的性质，填“>”或“<”.

(1) 若 $a<b$，则 $-a-1$ ________ $-b-1$；(2) 若 $a<b$，且 $c>0$，则 $ac+c$ ________ $bc+c$；(3) 若 $a>0,b<0,c<0$，则 $(a-b)c$ ________ 0.

18. 关于 x 的不等式 $2x-a\leqslant -1$ 的解集如图所示,则 a 的取值是________.

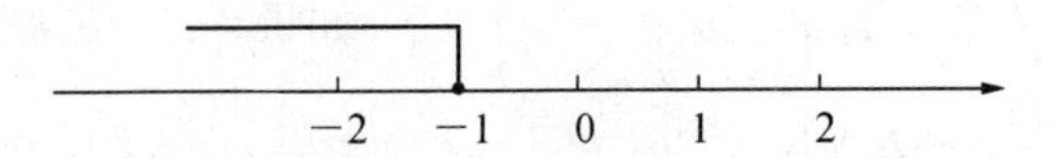

19. 若 $ax^2+bx-1<0$ 的解集为 $\{x\mid -1<x<2\}$,则 $a=$________,$b=$________.

20. 根据数轴表示 a,b,c 三数的点的位置,化简 $|a+b|+|a+c|-|b-c|=$________.

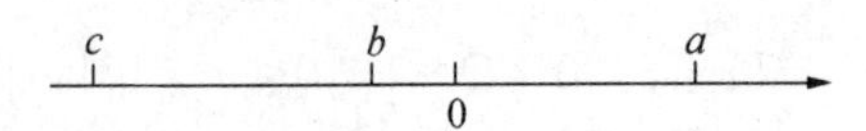

三、解答题(本大题共 5 题,满分 40 分)解答应写出文字说明及演算步骤.

21. (12 分)解下列不等式(组),并把解集在数轴上表示出来:

(1) $3-2x<2x+5$;

(2) $1-\dfrac{4+3x}{6}\leqslant\dfrac{1-2x}{3}$;

(3) $\begin{cases}5x+6>4x\\15-9x\leqslant 10-4x\end{cases}$;

(4) $\begin{cases}2(x-1)\leqslant 3x+1\\\dfrac{x}{3}<\dfrac{x+1}{4}\end{cases}$.

22. (8 分)计算下列不等式的解集:

(1) $(x-1)(3-x)<5-2x$;

(2) $x^2-3x>4$.

23. (8分)已知集合 $A=\{x|x^2-5x+4\leqslant 0\}$,$B=\{x|x^2-2ax+a+2\leqslant 0\}$,若 $B\subseteq A$,求 a 的范围.

24. (6分)已知关于 x 的方程 $x-\frac{2x-m}{3}=\frac{2-x}{3}$ 的解是非负数,m 是正整数,求 m 的值.

25. (6分)小王看中的商品在甲、乙两商场以相同的价格销售.两商场采用的促销方式不同:在甲商场一次性购物超过100元,超过的部分八折优惠;在乙商场一次性购物超过50元,超过的部分九折优惠.那么他在甲商场购物超过多少元就比在乙商场购物优惠?

集合、不等式测试卷

(满分:150 分)

一、选择题(本大题共 10 题,每小题 5 分,满分 50 分)

1. 已知集合 $M=\{1,2,3,4,5\}$,$N=\{2,4,8\}$. 则 $M\cap N=$ ( )

   A. $\{2\}$　　B. $\{2,5\}$　　C. $\{2,4\}$　　D. $\{2,4,8\}$

2. 不等式 $1\leqslant x\leqslant 2$ 用区间表示为 ( )

   A. $(1,2)$　　B. $(1,2]$　　C. $[1,2)$　　D. $[1,2]$

3. 设 $M=\{x|x\leqslant 7\}$,$x=4$,则下列关系中正确的是 ( )

   A. $x\in M$　　B. $x\notin M$　　C. $\{x\}\in M$　　D. $\{x\}\notin M$

4. 设集合 $M=\{-1,0,1\}$,$N=\{-1,1\}$,则 ( )

   A. $M\subseteq N$　　B. $M\notin N$　　C. $M=N$　　D. $N\subseteq M$

5. 若 $a>b$, $c>d$,则 ( )

   A. $a-c>b-d$　　B. $a+c>b+d$　　C. $ac>bd$　　D. $\dfrac{a}{c}>\dfrac{b}{d}$

6. 不等式 $x^2-x-2<0$ 的解集是 ( )

   A. $(-2,1)$　　B. $(-\infty,-2)\cup(1,+\infty)$

   C. $(-1,2)$　　D. $(-\infty,-1)\cup(2,+\infty)$

7. 设 $U=\{0,1,2,3,4\}$,$A=\{0,1,2,3\}$,$B=\{2,3,4\}$,则 $\complement_U A\cup\complement_U B=$ ( )

   A. $\{0\}$　　B. $\{0,1\}$　　C. $\{0,1,4\}$　　D. $\{0,1,2,3,4\}$

8. 设甲是乙的充分不必要条件,乙是丙的充要条件,丁是丙的必要非充分条件,则甲是丁的 ( )

   A. 充分不必要条件　　B. 必要不充分条件

   C. 充要条件　　D. 既不充分也不必要

9. 已知全集 $U=\{0,1,2,3,4\}$,集合 $M=\{1,3\}$,$P=\{2,4\}$,则下列命题为真命题的是 ( )

   A. $M\cap P=\{1,2,3,4\}$　　B. $\complement_U M=P$

C. $\complement_U M \cup \complement_U P = \varnothing$　　　　D. $\complement_U M \cap \complement_U P = \{0\}$

10. 设集合 $M=\{x \mid x+1>0\}$，$N=\{x \mid -x+3>0\}$，则 $M\cap N=$　　(　　)

A. $\{x \mid x>-1\}$　　　　B. $\{x \mid x<-3\}$

C. $\{x \mid -1<x<3\}$　　　　D. $\{x \mid x>-1$ 或 $x<3\}$

二、填空题(本大题共 5 小题，每小题 5 分，满分 25 分)

11. 已知集合 $M=\{2,3,4\}$，$N=\{2,4,6,8\}$，则 $M\cup N=$________.

12. 不等式组 $\begin{cases} x-1>0 \\ x-2<0 \end{cases}$ 的解集为________.

13. 不等式 $|2x-1|<3$ 的解集是____________.

14. 已知方程 $x^2-3x+m=0$ 的一个根是 1，则另一个根是________，$m=$________.

15. 不等式 $(m^2-2m-3)x^2-(m-3)x-1<0$ 的解集为 R，则 $m\in$________.

三、解答题(本大题共 6 题，满分 75 分，解答应写出文字说明及演算步骤.)

16. (13 分)计算：

(1) (解方程) $x^2-4x=5$；　　　　(2) (解不等式) $\dfrac{x-2}{4+x}>0$.

17. (12 分)集合 A 满足条件 $A\subseteq\{a, b, c\}$，试写出所有这样的集合 A.

18. (12 分)若关于 x 的方程 $x^2-mx+m=0$ 无实数根,求 m 的取值范围.

19. (12 分)已知关于 x 的不等式 $x^2-mx+n\leqslant 0$ 的解集是 $\{x\mid -5\leqslant x\leqslant 1\}$,求实数 m,n 的值.

20. (12 分)当 m 取何值时,不等式 $mx^2+mx+1>0$ 恒成立.

21. (14 分)某商场经营某种品牌的童装,购进时的单价是 60 元.根据市场调查,在一段时间内,销售单价是 80 元时,销售量是 200 件,而销售单价每降低 1 元,就可多售出 20 件.

(1) 写出销售量 y 件与销售单价 x 元之间的函数关系式;

(2) 写出销售该品牌童装获得的利润 W 元与销售单价 x 元之间的函数关系式;

(3) 若童装厂规定该品牌童装销售单价不低于 76 元,且商场要完成不少于 240 件的销售任务,则商场销售该品牌童装获得的最大利润是多少?

第3章　函　　数

3.1　函数的概念与简单性质

3.1.1　平面直角坐标系

一、知识要点：平面直角坐标系的概念，平面直角坐标系中点的位置与有序实数对的一一对应关系，点的坐标表示.

二、基础知识

1. 在平面上画________________的数轴，就建立了平面直角坐标系.通常把其中水平的一条数轴叫做__________，取______为正方向；竖直的数轴叫做__________，取______为正方向.

两条坐标轴把平面分成四个区域，分别叫做____________，坐标轴上的点不属于任何一个象限.

2. 平面直角坐标系中的任意一点 P 都可以用一对________来表示.从点 P 向 x 轴作垂线，得到点 P 在 x 轴上对应的数，即点 P 的______，从点 P 向 y 轴作垂线，得到点 P 在 y 轴上对应的数，即点 P 的______，依次写出点 P 的横坐标和纵坐标，得到一对有序实数，叫做点 P 的______.

三、巩固练习

A. 基础题

1. 写出点的坐标特征：

写出点 A,B,C,D(分别在四个象限内)，E(y 轴正半轴上)，F (x 轴负半轴上)的坐标特征.

2. 由坐标描出点：

在平面直角坐标系中分别描出坐标是(2,3),(−2,3),(3,−2),(−3,−2)的点G,H,I,J.

B. 提高题

3. 由各象限及坐标轴上的点的特征，分析点的坐标满足的条件：

在平面直角坐标系中，若点$P(2x-6,x-5)$在第四象限，则x的取值范围是____________.

4. 由一些点构成图形，分析图形的周长、面积等相关问题：

在平面直角坐标系中，若$A(-3,4)$,$B(-1,2)$,O为原点，则$\triangle AOB$的面积为______.

3.1.2　函数的概念(第一课时)

一、知识要点：函数的概念，函数的两要素，函数符号$y=f(x)$，函数在$x=a$处的函数值，函数在$x=a$处的函数值.

二、基础知识

1. 一般地，设在一个变化过程中有两个变量x,y，集合A是一个__________，对A内实数x，按照某个__________，都有__________的实数值y与它对应，则称这种________为集合A上的一个函数. 记作__________. 其中x为________，y为________.

自变量x的取值集合A叫做函数的__________. 对应的因变量y的取值集合叫做函数的__________. $y=f(a)$表示当自变量x取定义域A中的数值________时，由法则________确定的值________，即函数$y=f(x)$在$x=a$处的函数值.

三、巩固练习

A. 基础题

1. 中华超市某种圆珠笔每支单价为 0.9 元,求销售额 y(元)关于销售量 x(支)的函数关系式、定义域及 $f(12)$.

2. 设函数 $f(x)=-\frac{1}{2}x^2+x+1$,求函数的值域.

3. 已知函数 $f(x)=x^2-m$,若 $f(0)=1$,求函数解析式.

B. 提高题

4. 下列各项中的两个函数,是否表示相同的函数:

(1) $f(x)=\frac{x}{x}$ 与 $y=1$;　　(2) $y=\sqrt{x^2}$ 与 $y=|x|$;

(3) $y=\sqrt{x^2}$ 与 $y=x$;　　(4) $y=(\sqrt{x})^2$ 与 $y=x$.

5. 某人骑自行车以 12 km/h 的速度从甲地骑往乙地，已知甲、乙两地相距 48 km. 写出此人与甲地的距离 s(km)与行驶时间 t(h)的函数关系式，并写出自变量的取值范围.

6. 已知函数 $f(x+1)=x^2-3x+4$，求 $f(x)$的解析式.

7. 已知函数 $f(x)=3x-1$，求 $f[f(x)]$的解析式.

3.1.3 函数的概念(第二课时)

一、知识要点：在实际问题及函数解析式中自变量的取值范围.

二、基础知识

1. 自变量 x 的取值集合 A 叫做函数的定义域. 应用题中注意实际意义的具体约束条件；函数解析式中的定义域即使得式子有意义的数 x 的取值集合.

2. 定义域用__________表示.

3. 整式函数的定义域为__________，分式函数的定义域为__________，开奇次方根的根式函数的定义域为__________，开偶次方根的根式函数的定义域为__________，幂函数当指数为 0 或负数时的定义域为__________.

三、巩固练习

A. 基础题

1. 某水果超市香蕉每斤为7元,求销售额 y(元)关于销售量 x(斤)的函数关系式、定义域.

2. 求下列函数的定义域:

(1) 整式函数 $y=5x^3+2x-4$;

(2) 分式函数 $y=\dfrac{x^2-6}{x^2-3x+2}$;

(3) 根式函数① $y=\sqrt[3]{3x^2-2x+1}$;② $y=\sqrt{25-x^2}$;③ $y=\sqrt{5-4x-x^2}$;④ $y=\sqrt{x-2}+\sqrt{x+5}$;⑤ $y=\dfrac{\sqrt{x+1}}{x}$;函数⑥ $y=\dfrac{\sqrt{16-x^2}}{x-2}$.

B. 提高题

3. 某旅游景点每天的固定成本为500元,门票每张为30元,变动成本与购票进入旅游景点的人数的算术平方根成正比.一天购票人数为25人时,该旅游景点收支平衡;一天购票人数超过100人时,该旅游景点需另交保险费200元.设每天的购票人数为 x 人,赢利额为 y 元. 求 y 与 x 之间的函数关系.

3.1.4 函数的表示法

一、知识要点:函数的解析法、列表法、图像法.

二、基础知识

1. 用图形表示两个变量之间函数关系的方法叫做________;用列表表示两个变量之间函数关系的方法叫做____________;用等式表示两个变量之间函数关系的方法叫做________,这个等式通常叫做________.

2. 描点法画函数图像的三个步骤是________、________、________.

三、巩固练习

A. 基础题

1. 函数 $y=x(0\leqslant x\leqslant 8)$ 的图像是　　(　　)

A. 直线　　B. 射线　　C. 线段　　D. 离散的点

2. 函数 $y=0.9x(x\in\mathbf{N})$ 的图像是　　(　　)

A. 直线　　B. 射线　　C. 线段　　D. 离散的点

3. 下列函数中,图像经过原点的个数为　　(　　)

① $y=2x-3$　② $y=-x^2$　③ $y=-\dfrac{6}{x}$　④ $y=3x^2-5x$

A. 1　　B. 2　　C. 3　　D. 4

4. 设函数如表所示,则函数的定义域为____________.

x	0	1	2	3	4
y	0	1	2	3	4

5. 函数 $y=3$ 的图像是______________________的直线.

6. 函数 $y=\dfrac{2}{x}$ 和 $y=x+1$ 图像的交点是____________.

7. 已知函数 $f(x)=\begin{cases}2x+1, & x\leqslant 0,\\ 3-x^2, & 0<x\leqslant 3.\end{cases}$

(1) 求 $f(x)$ 的定义域;

(2) 求 $f(-2)$, $f(0)$, $f(3)$ 的值.

B. 提高题

8. 一次函数 $y=(m-2)x+m^2-3m-2$ 的图像与 y 轴交点纵坐标是 -4,则 m 的值为________.

9. 画出函数 $f(x)=\begin{cases}-x-2, x\in[-1,0]\\ 1, x\in(0,1]\end{cases}$ 的图像.

10. 已知A、B两地相距150千米,某人开车以60千米/小时的速度从A地到B地,在B地停留一小时后,再以50千米/小时的速度返回A地. 把汽车与A地的距离y(千米)表示为时间t(小时)的函数(从A地出发时开始),并画出函数图像.

3.1.5 函数的单调性(第一课时)

一、知识要点:函数单调性的概念和判断.

二、基础知识

1. 一般地,设函数$f(x)$的定义域为I:如果对于定义域内某个区间D上的任意两个变量的值x_1,x_2,当$x_1<x_2$时,都有$f(x_1)<f(x_2)$,那么就说函数$f(x)$在区间D上是________. 也可理解为当函数的自变量在其定义域内某个区间D上由小变大时,函数值也随着________.

如果对于定义域内某个区间D上的任意两个变量的值x_1,x_2,当$x_1<x_2$时,都有$f(x_1)>f(x_2)$,那么就说函数$f(x)$在区间D上是________. 也可理解为当函数的自变量在其定义域内某个区间D上由小变大时,函数值也随着________.

2. 如果函数$f(x)$在区间D上是增函数或减函数,那么就说函数$f(x)$在这一区间具有严格的________,区间D叫做$y=f(x)$的________.

三、巩固练习

A. 基础题

1. (1) 如果在给定的区间上自变量________时,函数值________,则这个函数在给定的区间上是增函数.

(2) 已知函数$y=f(x)$在$(0,+\infty)$上是增函数,若$0<m<n$,则 ( )

A. $f(m)>f(n)$　　B. $f(m)=f(n)$

C. $f(m)<f(n)$　　D. 不能确定$f(m)$和$f(n)$的大小

2. 某人要判断 $f(x)=\dfrac{1}{x}$ 的单调性，其根据 $f(-1)=-1$，$f(1)=1$ 这一情况就下结论说 $f(x)$ 为增函数，这一判断对吗？

3. 作函数 $y=4x-2$ 的图像，并判断其单调性.

4. 证明：函数 $y=\dfrac{2}{x}$ 在 $(0,+\infty)$ 上是减函数.

B. 提高题

5. 已知函数 $f(x)$ 的定义域为 A，如果对于属于定义域内某个区间 I 上的任意两个不同的自变量 x_1，x_2，都有 $\dfrac{f(x_1)-f(x_2)}{x_1-x_2}>0$，则 $f(x)$ 在这个区间上的单调性如何？

6. 已知函数 $y=f(x)$ 在 $\mathbf{R}$ 上是减函数，且 $f(x^2-3x)<f(4)$，求 x 的取值范围.

3.1.6 函数的单调性(第二课时)

一、知识要点:函数单调性的概念和判断、常见函数的单调区间.

二、基础知识

1. 一次函数 $y=kx+b$,当 $k>0$ 时,函数在________是增函数;当 $k<0$ 时,函数在________是减函数.

2. 反比例函数,当 $k>0$ 时,函数在 $(-\infty,0)$ 和 $(0,+\infty)$ 上都是________函数;当 $k<0$ 时,函数在____________上是________函数.

3. 二次函数 $y=ax^2+bx+c$ 的单调性以________为分界线,当 $a>0$ 时,函数在____________是增函数,在____________是减函数;当 $a<0$ 时,函数在____________是增函数,在____________是减函数.

三、巩固练习

A. 基础题

1. 已知函数 $y=f(x)$ 是 $(-\infty,0)$ 上的减函数,则下列各式正确的是 ( )

A. $f(-5)>f(-4)$　　B. $f(-5)=f(-4)$

C. $f(-5)<f(-4)$　　D. 以上都不对

2. 下列函数在 R 上是减函数的是 ( )

A. $y=x^2-2$　B. $y=-x+2$　C. $y=-\frac{1}{x}$　D. $y=3x+2$

3. 函数 $y=x^2+2x-4$ 的单调递减区间是 ( )

A. $(-\infty,-1]$　B. $[1,+\infty)$　C. $(-\infty,4]$　D. $[4,+\infty)$

4. 若函数 $f(x)=(2k+1)x+b$ 在 $\mathbf{R}$ 上是增函数,则 k 的取值范围是 ( )

A. $\left(-\infty,\frac{1}{2}\right)$　B. $\left(\frac{1}{2},+\infty\right)$　C. $\left(-\infty,-\frac{1}{2}\right)$　D. $\left(-\frac{1}{2},+\infty\right)$

5. 若函数 $f(x)$ 在 $(-8,8)$ 内是减函数,则在 $(-6,4)$ 内是________函数.

B. 提高题

6. 试判断 $y=x^2+2$ 在 $(0,+\infty)$ 上的单调性,并证明你的结论.

7. 函数 $y=f(x)$ 在 $\mathbf{R}$ 上是增函数，则下列不等式成立的是　（　　）

A. $f(2m)>f(m)$　　B. $f(m^2)>f(m)$

C. $f(m^2+1)>f(m)$　　D. $f(m^2+1)>f(2m)$

8. 若函数 $y=f(x)$ 在 $\mathbf{R}$ 上是增函数，则函数 $y=-f(x)$ 在 $\mathbf{R}$ 上的单调性是怎样的？

3.1.7　函数的奇偶性(第一课时)

一、知识要点：函数图像的对称性，奇、偶函数的概念及判断.

二、基础知识

1. 设点 $M(a,b)$ 为平面直角坐标系内的任意一点，则点 M 关于 x 轴的对称点是 $(a,-b)$；点 M 关于 y 轴的对称点是 $(-a,b)$；点 M 关于原点的对称点是 $(-a,-b)$；点 M 关于直线 $y=x$ 的对称点是________；点 M 关于直线 $y=-x$ 的对称点是________.

2. 一般地，如果对于函数 $f(x)$ 的定义域的任意一个值 x，都有 $f(-x)=f(x)$，那么称函数 $y=f(x)$ 是________；如果对于函数 $f(x)$ 的定义域的任意一个值 x，都有 $f(-x)=-f(x)$，那么称函数 $y=f(x)$ 是________. 函数的定义域关于原点对称是奇(偶)函数的________.

三、巩固练习

A. 基础题

1. 下列函数中是奇函数的是　（　　）

A. $f(x)=3x^2$　　B. $f(x)=3x+2$

C. $f(x)=-x^2$　　D. $f(x)=\frac{x^2+1}{x}$

2. 函数 $f(x)$ 为定义在 $\mathbf{R}$ 上的奇函数，且在 $[0,+\infty)$ 上单调递增，则 $f(x)$ 在 $(-\infty,0]$ 上是　（　　）

A. 递增函数　　B. 递减函数　　C. 没有单调性　　D. 无法判断

3. 若函数 $f(x)$ 为定义在 $\mathbf{R}$ 上的偶函数,正确的是 (　　)

A. $f(-a)=-f(a)$　　B. $f(0)=0$

C. $f(1)=0$　　D. $f(-b)=-f(b)$

4. 若 $f(x)$ 为奇函数,$g(x)$ 为偶函数,$x\in\mathbf{R}$,且 $f(3)=5$,$g(-1)=2$,则 $f(-3)+g(1)=$________.

5. 判断下列函数的奇偶性:

(1) $f(x)=3x^3+x$;　　(2) $f(x)=-\sqrt[3]{x}$;

(3) $f(x)=-5x+2$;　　(4) $f(x)=2x^2-\dfrac{1}{x^2}+1$.

B. 提高题

6. (1) 若 $f(x)$ 是偶函数,$g(x)$ 为奇函数,则 $f(x)\cdot g(x)$ 是 (　　)

A. 奇函数　　B. 既是奇函数又是偶函数

C. 偶函数　　D. 非奇非偶函数

(2) 若 $f(x)=ax^3+bx+c$ 是奇函数,则 c 的值是________.

7. 已知函数 $f(x)=(m+2)x^2+(m-2)x+m^2-4$ 是偶函数,求 m 的值.

8. 已知奇函数 $y=f(x)$,在区间 $[-4,0]$ 上单调递增,比较 $f(\pi)$ 与 $f(3)$ 的大小.

3.1.8 函数的奇偶性(第二课时)

一、知识要点:用奇、偶函数的定义及图像性质解决一些简单问题.

二、基础知识

1. 奇函数的图像关于________对称,偶函数的图像关于________对称.

2. 函数 $f(x)$ 为偶函数,且在 $[0,+\infty)$ 上单调递增,则在 $(-\infty,0)$ 上单调________. 函数 $f(x)$ 为奇函数,且在 $[0,+\infty)$ 上单调递减,则在 $(-\infty,0)$ 上单调________.

三、巩固练习

A. 基础题

1. 函数 $f(x)$ 为偶函数,且 $f(3)=5$,则 $f(-3)=$ ( )

A. 5 B. -5 C. 2 D. 8

2. 下列函数既不是奇函数,又不是偶函数的是 ( )

A. $f(x)=-x^2$ B. $f(x)=x^2+x$

C. $f(x)=5x$ D. $f(x)=x^3$

3. 已知 $f(x)$ 是定义在 **R** 上的奇函数,当 $x<0$ 时,$f(x)=5x+2$,则 $f(1)=$ ( )

A. 3 B. -3 C. 7 D. -7

4. 已知函数 $f(x)=2x^2-3$,则 $f(2)=$________,$f(-2)=$________.

5. 若函数 $f(x)$ 是偶函数,则 $f(-x)-f(x)=$________.

6. 若 $f(x)=ax^3+bx^2+2$ 为偶函数,且 $f(2)=-2$,则 $a=$________,$b=$________.

B. 提高题

7. 证明:函数 $f(x)=|x-1|+|x+1|$ 是偶函数.

8. 已知 $f(x)$ 是奇函数,$f(1)=2$,且 $f(x+1)=f(x+5)$,求 $f(3)$ 的值.

3.2　常见函数的图像与性质

3.2.1　一次函数的图像与性质

一、知识要点:一次函数的图像,一次函数的性质,k,b 的概念.

二、基础知识

1. 一般地,形如________________的函数叫做正比例函数,它的定义域为________,值域为________,图像是________________.

2. 一般地,形如________________的函数叫做一次函数,其中在 y 轴上的截距是________,斜率是________;它的定义域为________,值域为________,图像是________________.

3. 正比例函数和一次函数的性质:

名称(解析式)		正比例函数(　　　　)	一次函数(　　　　)
定义域			
值域			
与坐标轴的交点			
单调性	$k>0$		
	$k<0$		

三、巩固练习

A. 基础题

1. 函数 $y=2x-3$ 的斜率是________,在 y 轴上的截距是________.

2. 如果 $k<0$,$b>0$,则直线 $y=kx+b$ 不经过　　(　　)

   A. 第一象限　　B. 第二象限

   C. 第三象限　　D. 第四象限

3. 函数 $y=3x-2$ 在区间________上是单调递________(填“增”或“减”)函数.

4. 已知函数 $y=kx+b$ 的图像经过点(0,1)和(3,0),则 $k=$________,$b=$________.

5. 画出下列一次函数的图像：

(1) $y=2x+1$；　　　　(2) $y=-\frac{1}{3}x+4$.

B. 提高题

6. 已知函数 $f(x)=ax+b$,若 $f(1)=-2,f(-1)=4$,则 $f\left(\frac{1}{3}\right)=$　　(　　)

A. 0　　B. 1　　C. 2　　D. 3

7. 若直线 $y=4x+m$ 与坐标轴所围成的三角形的面积是18,求实数 m 的值.

8. 已知一次函数 $y=kx+b$ 的图像与坐标轴的交点为 $(0,b)$ 和 $(a,0)$,且 a,b 是方程 $x^2-8x+15=0$ 的两个实根,求一次函数的解析式.

3.2.2　反比例函数的图像与性质

一、知识要点:反比例函数的概念,反比例函数的图像与性质.

二、基础知识

1. 一般地,形如____________的函数叫做反比例函数,它的定义域为

________，值域为________，反比例函数的图像是________.

2. 反比例函数的图像和性质：

k 的符号	$k>0$	$k<0$
图像的大致位置		
定义域		
值域		
对称性	图像关于______对称	
经过的象限	第______象限	第______象限
变化趋势	图像无限接近于______轴，但永远不会与______轴相交	
单调性	在每个象限内，y 随 x 的增大而______	在每个象限内，y 随 x 的增大而______

3. k 的几何意义：直角坐标系中，在反比例函数图像上任取一点 M 作 x 轴、y 轴的垂线，设垂足分别为 A、B，则所得矩形 $OAMB$ 的面积为______.

三、巩固练习

A. 基础题

1. 反比例函数 $y=-\dfrac{5}{x}$ 的图像经过 ( )

A. 第一、四象限　　B. 第二、三象限

C. 第一、三象限　　D. 第二、四象限

2. 反比例函数 $y=\dfrac{k^2+2}{x}$ 的图像经过 ( )

A. 第一、四象限　　B. 第二、三象限

C. 第一、三象限　　D. 第二、四象限

3. 关于反比例函数 $y=-\dfrac{2}{x}$，下列说法错误的是 ( )

A. 图像在第二、四象限　　B. 当 $x>0$ 时，y 随 x 的增大而减小

C. 图像过点(2，−1)　　D. 当 $x>0$ 时，y 随 x 的增大而增大

4. 反比例函数 $y=\frac{2}{x}$ 的定义域为　　(　　)

A. $(0,+\infty)$　　B. $(-\infty,0)\cup(0,+\infty)$

C. $(-\infty,0)$　　D. R

5. 已知反比例函数 $y=\frac{5}{x}$ 上有两点 $A(x_1,y_1)$，$B(x_2,y_2)$，若 $x_1<x_2$，则 y_1 与 y_2 的关系是　　(　　)

A. $y_1>y_2$　　B. 不能确定　　C. $y_1<y_2$　　D. $y_1=y_2$

6. 画出下列反比例函数的图像：

(1) $y=\frac{7}{x}$；　　(2) $y=-\frac{7}{x}$.

B. 提高题

7. 若一次函数 $y=k_1x+b$ 的图像过点 $P(0,-3)$，且与反比例函数 $y=\frac{k_2}{x}$ 的图像交于点 $A(2,1)$ 和点 B.

(1) 试求出这两个函数的解析式；

(2) 求 B 点的坐标；

(3) 求 $\triangle AOB$ 的面积.

3.2.3　二次函数的图像与性质(第一课时)

一、知识要点:二次函数的图像与性质.

二、基础知识

1. 一般地,形如__________________的函数叫做二次函数,它的定义域是________,其图像是____________.

2. 对二次函数进行配方可化为________.

3. 二次函数的图像和性质:

<table>
<tr><td>a 的符号</td><td>$a>0$</td><td>$a<0$</td></tr>
<tr><td>图像</td><td></td><td></td></tr>
<tr><td>开口方向</td><td></td><td></td></tr>
<tr><td>对称轴</td><td colspan="2"></td></tr>
<tr><td>顶点坐标</td><td colspan="2"></td></tr>
<tr><td>最值</td><td></td><td></td></tr>
<tr><td>单调性</td><td>在区间________上是增函数;在区间________上是减函数.</td><td>在区间________上是增函数;在区间________上是减函数.</td></tr>
</table>

三、巩固练习

A. 基础题

1. 二次函数 $f(x)=x^2+4x-5$ 的对称轴是　　　　(　　)

A. $x=2$　　B. $x=-2$　　C. $x=-1$　　D. $x=1$

2. 二次函数 $y=-x^2-4x+3$ 的顶点坐标是　　　　(　　)

A. $(-2,7)$　　B. $(2,-7)$　　C. $(2,7)$　　D. $(-2,-7)$

3. 二次函数 $y=-\frac{1}{2}x^2+4x+5$ 有　　　　(　　)

A. 最大值 3　　B. 最大值 13　　C. 最小值 3　　D. 最小值 13

4. 二次函数 $y=-x^2+4x+5$ 的单调递减区间是 ( )

A. $(-\infty,2]$　　B. $[-2,+\infty)$

C. $(-\infty,-2]$　　D. $[2,+\infty)$

5. 画出下列二次函数的图像，并分别求出函数的对称轴、顶点坐标和最大(或小)值：

(1) $y=x^2-2x-3$；　　(2) $y=-2x^2+8x+3$.

B. 提高题

6. 已知二次函数 $f(x)=2x^2-4ax+3a$ 在 $[-2,+\infty)$ 是增函数，求 a 的取值范围.

7. 某农户想利用一面墙再围三面篱笆，围成一块矩形菜园，现有 200 m 长的篱笆材料，问矩形的长和宽各为多少时，可以使矩形菜园的面积最大.

3.2.4 二次函数的图像与性质(第二课时)

一、知识要点:二次函数与一元二次方程、一元二次不等式之间的关系.

二、基础知识

二次函数与一元二次方程、一元二次不等式:

$\Delta=b^2-4ac$ $a>0$	$\Delta>0$	$\Delta=0$	$\Delta<0$
二次函数 $y=ax^2+bx+c$ 的图像			
一元二次方程 $ax^2+bx+c=0$ 的根			
一元二次不等式 $ax^2+bx+c>0$ 的解集			
一元二次不等式 $ax^2+bx+c<0$ 的解集			

三、巩固练习

A. 基础题

1. 二次函数 $f(x)=x^2-4x+3$ 的判别式 Δ ________ 0,则图像与 x 轴有________个交点,一元二次方程 $x^2-4x+3=0$ 有________个根.
2. 一元二次不等式 $x^2-4x+3>0$ 的解集为________________,一元二次不等式 $x^2-4x+3<0$ 的解集为________________.
3. 函数 $y=\sqrt{-x^2+2x+3}$ 的定义域为________________.
4. 已知二次函数 $y=3x^2+2x+k$,问:
   (1) 当 k 分别为何值时,图像与 x 轴有两个交点、一个交点、无交点?
   (2) 当 x 为何值时,函数取得最小值?

B. 提高题

5. 函数 $y=x^2-6x+3$ 在区间$[2,5]$上的最大值是________,最小值是________.

6. 若抛物线 $f(x)=2x^2-(4k+1)x+2k^2$ 与 x 轴有两个交点,求 k 的取值范围.

7. 函数 $y=x^2+(2m+1)x+m^2-5$ 图像都在 x 轴上方,求 m 的取值范围.

3.2.5 二次函数的图像与性质(第三课时)

一、知识要点:二次函数的图像与性质应用.

二、巩固练习

A. 基础题

1. 已知二次函数 $y=f(x)$过原点,且顶点坐标为(2,4),则函数 $y=f(x)$的解析式是 ( )

   A. $y=(x+2)^2+4$　　B. $y=-(x-2)^2-4$

   C. $y=-(x+2)^2+4$　　D. $y=-(x-2)^2+4$

2. 函数 $y=x^2-x-3$ 的图像是 ( )

   A. 开口向上,顶点为$\left(-\frac{1}{2},-\frac{13}{4}\right)$的一条抛物线

   B. 开口向上,顶点为$\left(\frac{1}{2},-\frac{13}{4}\right)$的一条抛物线

   C. 开口向上,顶点为$\left(-\frac{1}{2},\frac{13}{4}\right)$的一条抛物线

   D. 开口向上,顶点为$\left(-\frac{1}{2},-\frac{4}{13}\right)$的一条抛物线

3. 如图所示,满足 $a<0,b>0$ 的函数 $y=ax^2+bx$ 的图像是　　(　　)

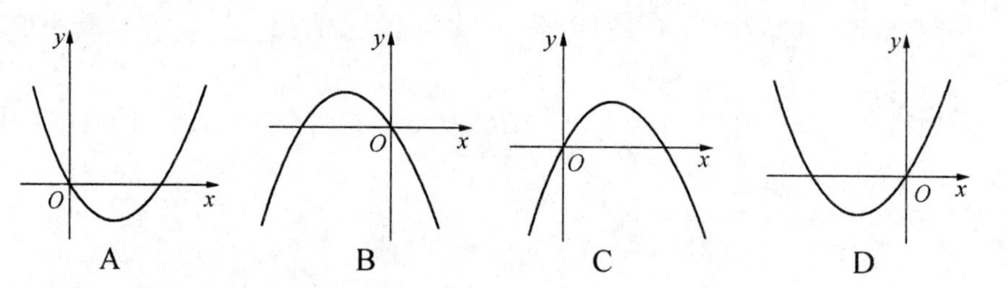

4. 已知二次函数 $y=ax^2+bx+c$,满足条件:

(1) $y_{\min}=-8$;(2) $y\geqslant0$ 的解集是 $\{x|x\geqslant3$ 或 $x\leqslant-1\}$. 求函数解析式.

5. 已知一次函数的图像过点 $\left(\dfrac{1}{2},0\right)$,且与二次函数 $y=x^2+bx+c$ 图像的一个交点为(2,3),另一个交点在 y 轴上,求 b,c 的值.

6. 如果函数 $y=-x^2+bx+b$ 值域为 $(-\infty,3]$,求 b 的值.

B. 提高题

7. 已知函数 $y=\sqrt{ax^2+ax+4}$ 定义域为 **R**,求 a 的取值范围.

8. 某公司拥有汽车 100 辆,当每辆车的月租金为 1 000 元时,汽车可全部租出,每辆车的月租金每增加 50 元时,未租出的车将会增加一辆且每辆每月需维护费 100 元,租出的车每辆每月需维护费 150 元.

(1) 当月租金定为 3 000 元时,可以租出多少辆车?

(2) 当月租金定为多少元时,公司收益最大,最大收益是多少?

3.2.6 分段函数的图像与性质

一、知识要点:分段函数的概念,分段函数的图像与性质.

二、基础知识

1. 一般地,在自变量的不同取值范围内,函数有不同的解析式,这样的函数叫做________________.

2. 分段函数的________是自变量的各不同取值范围的________.

3. 分段函数在整个定义域上仍然是________,而不是几个函数.

三、巩固练习

A. 基础题

1. 已知函数 $f(x)=\begin{cases}x-1(x<0),\\x^2+2(x\geqslant 0).\end{cases}$ 则 $f\left(\frac{1}{2}\right)=$________, $f(-3)=$________.

2. 已知函数 $f(x)=\begin{cases}3x+1(x<0),\\2x+5(0\leqslant x\leqslant 3),\\2-x(x>3).\end{cases}$ 则 $f(x)$的定义域为________, $f(x)$的最大值为________.

3. 已知函数 $f(x)=\begin{cases}x(-5<x<1),\\x^2(x\geqslant 1).\end{cases}$ 则 $f(x)$的定义域为____________.

4. 已知函数 $f(x)=\begin{cases}3x+2(-5<x<-1),\\x^2-2(-1\leqslant x<1).\end{cases}$ 则 $f[f(0)]=$____________.

5. 设函数 $y=f(x)$,当 $-3<x<2$ 时, $f(x)=-x+7$;当 $x\geqslant 2$ 时, $f(x)=x-7$. 则函数的解析式为________________.

B. 提高题

6. 已知函数 $f(x)=\begin{cases}3x+2(x>0),\\f(x+5)(x\leqslant 0).\end{cases}$ 则 $f(-6)=$ ( )

A. 3　　B. 13　　C. 14　　D. 7

7. 已知 $f(x)$ 是奇函数，当 $x<0$ 时，$f(x)=-x^2$，求当 $x>0$ 时函数的解析式.

9. 画出函数 $f(x)=\begin{cases} x(-5<x<1), \\ x^2(x\geqslant 1). \end{cases}$ 的图像.

函数测试卷

(满分:100 分)

一、选择题(本大题共 10 题,每小题 4 分,满分 40 分)

1. 函数 $y=\sqrt[3]{x+1}+\sqrt{5-4x}$ 的定义域为 ( )

A. $\left(-1,\frac{5}{4}\right)$　　B. $\left[-1,\frac{5}{4}\right]$

C. $(-\infty,-1]\cup\left[\frac{5}{4},+\infty\right)$　　D. $\left(-\infty,\frac{5}{4}\right]$

2. 下列函数中,与函数 $y=\frac{1}{\sqrt{x}}$ 有相同定义域的是 ( )

A. $f(x)=\lg x$　　B. $f(x)=\frac{1}{x}$

C. $f(x)=|x+2|$　　D. $f(x)=a^x$

3. 二次函数 $y=3x^2-mx+4$ 的对称轴是 $x=-1$,则当 $x=2$ 时,y 的值为 ( )

A. 4　　B. 28　　C. 14　　D. 7

4. 已知 $f(x)=\begin{cases}2x-3(x>2)\\f(x+3)(x\leqslant 2)\end{cases}$,则 $f(-1)$ 为 ( )

A. 5　　B. 15　　C. 22　　D. 7

5. 函数 $f(x)=x^2-(3a+1)+4$ 在 $(-\infty,5]$ 为减函数,则实数 a 的取值范围是 ( )

A. $a\geqslant 3$　　B. $a>3$　　C. $a\leqslant 5$　　D. $a<5$

6. 若 $f(x)=mx^2+(2m-4)x+(m^2-3m-4)$ 为偶函数,则 m 的值是 ( )

A. 1　　B. 2　　C. 3　　D. 4

7. 函数 $f(x)=-x^2+6x-20$ 在区间 $[2,5]$ 上有 ( )

A. $f(2)<f(5)$　　B. $f(2)\leqslant f(5)$

C. $f(2)>f(5)$　　D. $f(2)\geqslant f(5)$

8. 函数 $y=x^2+6x-10$ 在$[0,3]$上最大值和最小值分别是　　　　(　　)

A. 17,−19　　　　B. −10,−19

C. 17,−10　　　　D. 20,−10

9. 若方程 $2x^2-bx+1=0$ 的两根满足一根大于1,一根小于1,则 b 的取值范围是　　　　(　　)

A. $(-\infty,-2\sqrt{2})$　　　　B. $(-\infty,-2\sqrt{2})\cup(2\sqrt{2},+\infty)$

C. $(3,+\infty)$　　　　D. $(-\infty,-2\sqrt{2})\cup(3,+\infty)$

10. 向高为 P 的水瓶中注水,注满为止.如果注水量 V 与水深 H 的函数关系式如图所示,那么水瓶的形状是　　　　(　　)

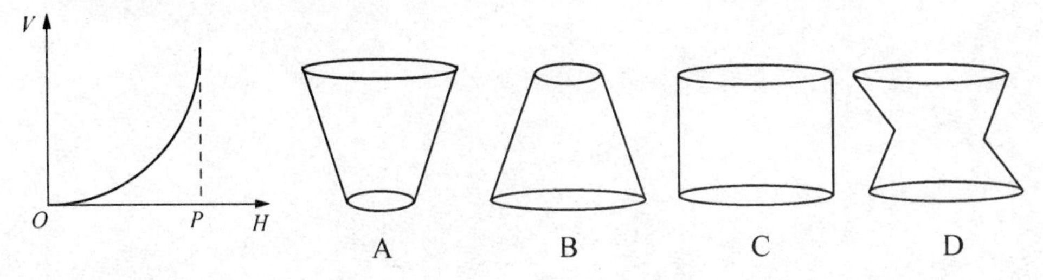

二、填空题(本大题共5小题,每小题4分,满分20分)

11. 若 $f(x+1)=\dfrac{1}{x^2-1}$,则 $f(x)=$________.

12. 函数 $f(x)=\dfrac{2}{5}x^2-4x$ 的单调递减区间是______________(用区间表示).

13. 函数 $y=\sqrt{x-3}$的值域是________.

14. 已知 $f(x)=\begin{cases}x^2, x<0,\\ x+5, x\geqslant 0,\end{cases}$ 如果有 $f(x)=16$,那么 $x=$________.

15. 有下列四个命题:

① 函数 $f(x)=\dfrac{x^2}{|x-4|}$是偶函数;

② 函数 $y=\dfrac{x^2}{\sqrt{x-1}}$的定义域为$\{x|x>1\}$;

③ 已知集合 $A=\{-2,5\}$,$B=\{x|ax-3=0,a\in\mathbf{R}\}$,若 $A\cup B=A$,则 a 的取值集合为$\left\{-\dfrac{3}{2},\dfrac{3}{5}\right\}$;

④ 函数 $f(x)=|x|$和函数 $f(x)=\sqrt{x^2}$是同一个函数.

你认为正确命题的序号为：____________________.

三、解答题(本大题共 6 题，满分 40 分)解答应写出文字说明及演算步骤.

16. (8 分)已知二次函数 $y=-6x^2+12x+18$.

(1) 画出函数的图像；

(2) 指出图像的开口方向、对称轴方程、顶点坐标；

(3) 求函数的最大值或最小值；

(4) 求函数的单调性；

(5) $y>0$ 时，求 x 的取值范围.

17. (6 分)已知函数 $f(x)=\sqrt{x+2}+\dfrac{1}{x}$,

(1) 求函数的定义域；

(2) 求 $f(-1)$, $f(2)$ 的值；

(3) 当 $a>0$ 时，求 $f(a)$, $f(a+1)$的值.

18. (6 分)已知函数

$$f(x)=\begin{cases}2x+1, & x\leqslant 0,\\ 3-x^2, & 0<x\leqslant 3.\end{cases}$$

(1) 画出函数的图像并求 $f(x)$的定义域;

(2) 求 $f(-2)$, $f(0)$, $f(3)$ 的值.

19. (6 分)求证:函数 $f(x)=x-\frac{1}{x}$在$(0,+\infty)$上是增函数.

20. (8 分)已知 $x>1$,求 $5+x+\frac{16}{x-1}$的最小值.

21. (6 分)某工厂工人计划用长 40 m 的篱笆靠墙围一个矩形菜地. 问菜地的长宽各为多少时,菜地面积最大,最大面积是多少?

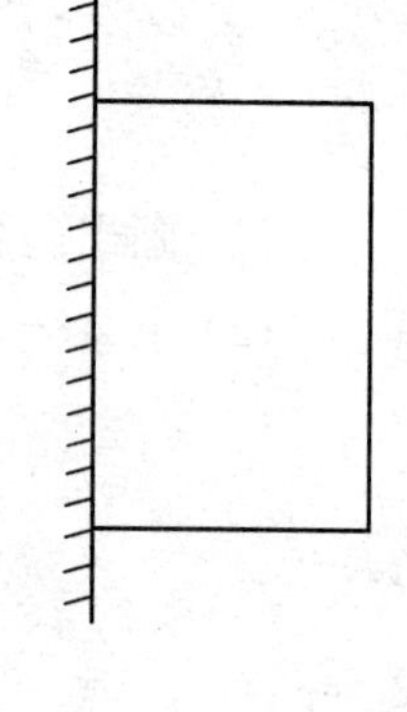

22. (提高题 10 分)我市某企业生产的一批产品上市后 40 天内全部售完,该企业对这一批产品上市后每天的销售情况进行了跟踪调查. 表一、表二分别是国内、国外市场的日销售量 y_1、y_2(万件)与时间 t(t 为整数,单位:天)的部分对应值.

表一:国内市场的日销售情况

时间 t(天)	0	1	2	10	20	30	38	39	40
日销售量 y_1(万件)	0	5.85	11.4	45	60	45	11.4	5.85	0

表二:国外市场的日销售情况

时间 t(天)	0	1	2	3	25	29	30	31	32	33	39	40
日销售量 y_2(万件)	0	2	4	6	50	58	60	54	48	42	6	0

(1) 请你从所学过的一次函数、二次函数和反比例函数中确定哪种函数能表示 y_1 与 t 的变化规律，写出 y_1 与 t 的函数关系式及自变量 t 的取值范围；

(2) 分别探求该产品在国外市场上市 30 天前与 30 天后(含 30 天)的日销售量 y_2 与时间 t 所符合的函数关系式，并写出相应自变量 t 的取值范围；

(3) 设国内、外市场的日销售总量为 y 万件，写出 y 与时间 t 的函数关系式. 试用所得函数关系式判断上市后第几天国内、外市场的日销售总量 y 最大，并求出此时的最大值.

集合、不等式、函数测试卷

(满分:100 分)

一、选择题(本大题共 15 题,每小题 3 分,满分 45 分)

1. 下列结论正确的是 ( )

A. $\varnothing=\{0\}$ B. $0\in\{0\}$ C. $0\subseteq\{0,1,2\}$ D. $\varnothing\in\{0,1,2\}$

2. 若 $E=\{e\}$,则下列结论正确的是 ( )

A. $E=e$ B. $e\not\subset E$ C. $e\in E$ D. $e\notin E$

3. 下列各点中,在函数 $y=3x-1$ 的图像上的点是 ( )

A. $(1,2)$ B. $(3,4)$ C. $(0,1)$ D. $(5,6)$

4. 若 $a>0,b<0$,则下列不等式正确的是 ( )

A. $ab>0$ B. $a-b>0$ C. $\frac{a}{b}>0$ D. $\frac{b}{a}>0$

5. 下列各式表述正确的是 ( )

A. $\mathbf{N}\subseteq\mathbf{N}^*$ B. $\mathbf{N}=\mathbf{Q}$ C. $\mathbf{N}\subseteq\mathbf{Z}$ D. $\mathbf{N}\supseteq\mathbf{R}$

6. 若 $a<0$,则 ( )

A. $a<3a<a^2$ B. $3a<a<a^2$

C. $a^2<3a<a$ D. $a<a^2<3a$

7. 下列四个集合中,空集是 ( )

A. $\{0\}$ B. $\{x|x>1\}$

C. $\{x|x>5$ 且 $x<-2\}$ D. $\{x|x^2=0\}$

8. 集合 $A=\{x\in\mathbf{N}|-2<x<3\}$中的元素的个数是 ( )

A. 1 B. 2 C. 3 D. 4

9. 不等式组$\begin{cases}2x+1<0\\ \frac{x}{2}+\frac{x}{3}>0\end{cases}$的解集是 ( )

A. $\varnothing$ B. $\mathbf{R}$

C. $\left(-\infty,-\frac{1}{2}\right)\cup(0,+\infty)$ D. $(0,+\infty)$

10. 下列结论正确的是 (　　)

A. $\{1,2,3,4\} \cup \{4,5,6\} = \{1,2,3,4,4,5,6\}$

B. $\{0,1\} \cap \{-1,0\} = \varnothing$

C. $\complement_U \varnothing = U$

D. $\{x \mid x^2 = x\} = \{0\}$

11. 函数 $y=-2x^2-8x+3$ 的增区间为 (　　)

A. R　　B. $(-\infty,-2)$

C. $(-\infty,2)$　　D. $(-\infty,-2)\cup(2,+\infty)$

12. 不等式 $x^2+3x+2>0$ 的解集是 (　　)

A. $(-2,-1)$　　B. $(1,2)$

C. $(-\infty,-2)\cup(-1,+\infty)$　　D. $(-\infty,-1)\cup(-2,+\infty)$

13. 下列函数是偶函数的是 (　　)

A. $y=5x$　　B. $y=x-1$

C. $y=-\dfrac{4}{x}$　　D. $y=x^2+2$

14. 不等式 $x^2+4x+6>0$ 的解集是 (　　)

A. $\varnothing$

B. R

C. $(-\infty,-2-\sqrt{2})\cup(-2+\sqrt{2},+\infty)$

D. $\{x|x\neq-2-\sqrt{2}\}$

15. 已知 $f(3x)=\dfrac{2}{x^2-3}$，则 $f(0)=$ (　　)

A. 0　　B. -3　　C. $-\dfrac{2}{3}$　　D. -1

二、填空题(本大题共 5 小题，每小题 3 分，满分 15 分)

16. 已知全集 $U=\mathbf{R}$，$A=\{x|x^2-2x<3\}$，则 $A=$________.

17. 已知 $x>1$，则 $x+\dfrac{16}{x-1}$ 的最小值为________.

18. 元素不等式 $|x-2|\geqslant3$ 的解集是________(用区间表示).

19. 函数 $y=x^2+1$ 的值域是________.

20. 用“$\Leftrightarrow$”、“$\Leftarrow$”、“$\Rightarrow$”填空：

$x>0$ ________ $x\geqslant2$；　　$|x-2|\leqslant3$ ________ $x\leqslant6$.

三、解答题(本大题共5题,满分40分)解答应写出文字说明及演算步骤.

21. (6分)写出集合$\{a,b,c\}$的所有子集和真子集.

22. (8分)计算下列不等式的解集:

(1) $x^2-5x>0$;　　(2) $-2x^2<-7x+3$.

23. (12分)求下列函数的定义域:

(1) $y=\sqrt{x^2-2x-3}$;

(2) $y=\dfrac{\sqrt[3]{1-x}}{x^2-4}$;

(3) $y=\sqrt{2-x}+\dfrac{x^2+2x}{x-1}$;

(4) $y=\dfrac{2}{1+\dfrac{1}{x}}$.

24. (8 分)判断函数 $y=2x^3$ 的单调性.

25. (6 分)已知不等式 $|x-m|<n(n>0)$ 的解集是 $\{x|1<x<7\}$,求不等式 $x^2-mx+n\geqslant 0$ 的解集.

第 4 章　幂函数、指数函数与对数函数

本章习题答案

4.1　有理指数幂与幂函数

4.1.1　有理指数幂

一、知识要点：指数幂的概念，根式和分数指数幂的转换.

二、基础知识

1. ________是 n 个 a 连乘的记号，其中________叫做底数，________叫指数.

2. 规定 $a^0=$________(　　　　)，$a^{-n}=$________(　　　　).

3. 若 $x^n=a(n>1,n\in\mathbf{N})$，则 x 叫作 a 的________，正数的偶次方根有________个，它们分别表示为________、________，负数的奇次方根是一个________数，表示为________. 正数 a 的正 n 次方根叫做 a 的________；当 $\sqrt[n]{a}$ 有意义的时候，$\sqrt[n]{a}$ 叫做________，n 叫做________.

4. 当 n 为奇数时，$\sqrt[n]{a^n}=$________；当 n 为偶数时，$\sqrt[n]{a^n}=$________.

5. 根式转换为分数指数幂：$\sqrt[n]{a^m}=$________，如 $\sqrt[3]{a^5}=$________.

6. 分数指数幂转换为根式 $a^{-\frac{m}{n}}=$________$=$________；如 $a^{-\frac{2}{5}}=$________.

三、巩固练习

A. 基础题

1. 8 的平方根和立方根分别是　　　　　　　　　　　　(　　)

A. $2\sqrt{2},2$　　　　B. $\pm2\sqrt{2},2$

C. $2\sqrt{2},\pm2$　　　　D. $\pm2\sqrt{2},\pm2$

2. 以下计算正确的是　　　　　　　　　　　　　　　　　　　　　　　　　（　　）

A. $-2016^0=1$　　　　　　　　　　B. $\left(\frac{1}{2}\right)^{-1}=\frac{1}{4}$

C. $a^{-\frac{1}{2}}=\frac{\sqrt{a}}{a}(a>0)$　　　　　　D. $\sqrt[7]{9^2}=9^{\frac{7}{2}}$

3. 有以下说法：

①-2 是 16 的四次方根；②正数的 n 次方根有两个；③ a 的 n 次方根就是 $\sqrt[n]{a}$；④$\sqrt[n]{a^n}=a(a\geqslant 0)$；⑤ $a\sqrt{x}=\sqrt{a^2x}$ $(x\geqslant 0)$　其中正确的是________.

4. 化简：(1) 把$\sqrt{5}$转换成分数指数幂的形式；

(2) 把 $x^{\frac{5}{8}}$ 转换成根式的形式.

5. 计算$(-\pi)^0+8^{\frac{1}{2}}-2^{-\frac{1}{2}}-1=$________.

B. 提高题

6. (1) 如果 $x^2=8$,求 x 的值；

(2) 如果 $a^3=27$,求 a 的值；

(3) 如果$(x-3)^0=1$,则 x 的取值范围是________.

4.1.2　有理指数幂及其运算法则

一、知识要点：指数幂的性质、指数幂的运算法则.

二、基础知识

$a^m\cdot a^n=$________；$\frac{a^m}{a^n}=$________；$(a^m)^n=$________；$(ab)^m=$________.

三、巩固练习

A. 基础题

1. 下列四个式子中正确的是 ( )

A. $0^0=0$　　B. $\sqrt[6]{(-2)^4}=\sqrt[3]{-2}$

C. $\sqrt[6]{(-2)^6}=-2$　　D. $\sqrt[6]{2^4}=\sqrt[3]{2^2}$

2. 对于 $a>0, r, s\in\mathbf{Q}$,以下运算正确的是 ( )

A. $a^r a^s=a^{rs}$　　B. $(a^r)^s=a^{r+s}$

C. $\left(\frac{a}{b}\right)^r=a^r b^{-r}(b\neq 0)$　　D. $a^r b^s=(ab)^{r+s}$

3. 以下运算正确的是 ( )

A. $3a^{-2}=\frac{1}{3a^2}$　　B. $(2a^2b)^3=8a^6b^3$

C. $(a^3)^3=a^6$　　D. $a^{-\frac{1}{3}}a^{\frac{4}{3}}=\frac{1}{a}$

4. 计算:

(1) $\sqrt[3]{(-5)^3}$________;　　(2) $\sqrt[5]{-32}=$________;

(3) $\sqrt{(-3)^4}=$________;　　(4) $\left(-\frac{1}{2}\right)^{-2}\times 16^{-\frac{1}{4}}=$________.

B. 提高题

5. 下列各式成立的是 ( )

A. $\sqrt[3]{m^2+n^2}=(m+n)^{\frac{2}{3}}$　　B. $\left(\frac{b}{a}\right)^5=a^{\frac{1}{5}}b^5$

C. $\sqrt[6]{(-3)^2}=(-3)^{\frac{1}{3}}$　　D. $\sqrt{\sqrt[3]{4}}=2^{\frac{1}{3}}$

6. 化简:(1) $\left(a^{-\frac{1}{2}}b^{-2}\right)^{-2}\div(ab^3)^{-2}=$________;(2) $\sqrt{(\sqrt{3}-2)^2}=$________.

7. 设 $a>0$,且 $a^x=2, a^y=3$,则 $a^{3x-2y}=$________.

8. 计算:

$$(0.064)^{-\frac{1}{3}}-\left(-\frac{7}{8}\right)^0+[(-2)^3]^{-\frac{4}{3}}+16^{0.75}+|-0.01|^{\frac{1}{2}}$$

4.1.3　幂 函 数

一、知识要点：幂函数概念、图像及性质.

二、基础知识

1. 一般地，形如 $y=$________的函数叫做幂函数.
2. 所有的幂函数都通过点____________.

三、巩固练习

A. 基础题

1. 下列函数是幂函数的是　　　　　　　　　　　　　　　　　　　　　　　（　　）

A. $y=(x+2)^2$　B. $y=x+1$　C. $y=x^{\frac{1}{2}}$　D. $y=3^x$

2. 设 $a\in\left\{-1,1,\frac{1}{2},3\right\}$，则使函数 $y=x^a$ 的定义域为 $\mathbf{R}$ 且为奇函数的所有 a 值为　　　　　　　　　　　　　　　　　　　　　　　（　　）

A. 1,3　B. −1,1　C. −1,3　D. −1,1,3

3. 下列各组函数值域相同的是　　　　　　　　　　　　　　　　　　　　　（　　）

A. $y=x^2,y=x^3$　B. $y=x,y=x^{\frac{1}{2}}$　C. $y=x^{\frac{1}{2}},y=x^2$　D. $y=x^3,y=x^{-1}$

4. 幂函数 $f(x)$ 过点 $(3,27)$，则 $f(x)$ 的解析式为__________________.

5. 写出下列函数的定义域：

(1) $y=x^{\frac{1}{3}}$；　(2) $y=x^{\frac{3}{2}}$；　(3) $y=x^{-2}$.

B. 提高题

6. 下列式子正确的是　　　　　　　　　　　　　　　　　　　　　　　　　（　　）

A. $1.3^{\frac{1}{2}}>1.5^{\frac{1}{2}}$　　B. $3.14^{\frac{1}{2}}>\pi^{\frac{1}{2}}$

C. $0.7^3<0.6^3$　　D. $(-0.5)^{-1}>(-0.6)^{-1}$

7. 将 $0.2^{\frac{1}{2}},0.2^3,0.3^{-1}$ 从小到大排序为____________________.

8. 画出下列函数的图像，并写出单调区间：

(1) $y=x^2$；　　(2) $y=x^{-1}$.

4.2 指数函数

4.2.1 指数函数的定义

一、知识要点：指数函数的定义.

二、基础知识

1. 一般地,形如________的函数叫指数函数.
2. 指数函数以________作为自变量,而幂函数则以________为自变量.

三、巩固练习

A. 基础题

1. 某种细菌在培养过程中,每 20 分钟分裂一次(一个分裂为两个),经过 2 个小时这种细菌由 1 个可繁殖为 (　　)

　A. 63 个　　B. 64 个　　C. 127 个　　D. 128 个

2. 指出下列函数哪些是指数函数：

　(1) $y=4\times3^x$；　　(2) $y=\pi^x$；

　(3) $y=0.3^x$；　　(4) $y=x^3$.

3. 指数函数满足 $x=1,y=3$,则它的解析式为____________.

B. 提高题

4. 某企业有一台价值 100 万元的进口设备,按每年 6%的折旧率折旧,那么 20 年后这台设备还值多少钱?

　要解决该问题,首先要建立价值 y(万元)与年份数 x(年)之间的函数关系.

　经过一年：$y=100(1-6\%)$

　经过二年：$y=$

　经过三年：$y=$

　……

　因此 y 与 x 之间的函数关系为__________.

4.2.2 指数函数的图像和性质

一、知识要点：指数函数的图像与性质及应用.

二、基础知识

函数 $y=a^x(a>0$ 且 $a\neq1,x\in\mathbf{R})$图像与性质

	$a>1$	$0<a<1$
图像		
定义域		
值域		
定点		
单调性		

三、巩固练习

A. 基础题

1. 若$\left(\frac{1}{3}\right)^m<\left(\frac{1}{3}\right)^n$，则　　(　　)

　A. $m>n$　　B. $m<n$

　C. $m=n$　　D. 无法比较

2. 关于指数函数图像叙述正确的是　　(　　)

　A. 关于 y 轴对称　　B. 向上无限与 y 轴接近

　C. 向下无限与 x 轴接近　　D. 恒过点$(0,1)$

3. 比较下列各组数的大小：

　(1) $(\sqrt{3})^{0.2}$________$(\sqrt{3})^{\frac{2}{5}}$；　(2) $\left(\frac{3}{4}\right)^{-0.8}$________$\left(\frac{3}{4}\right)^{-\frac{3}{4}}$.

4. (1) 函数 $y=10^x$ 在区间$(-\infty,+\infty)$上是________(填“增”或“减”)函数.

　(2) 函数 $y=\left(\frac{1}{10}\right)^x$ 在区间________上是减函数.

5. 已知指数函数的图像经过点$\left(3,\frac{1}{8}\right)$,求该函数的解析式,并写出函数的单调区间.

B. 提高题

6. 已知$0.8^m>0.8^n>1$,将$m,n,0$从小到大排列起来____________.

7. 求下列函数的定义域:

(1) $y=\frac{2x}{3^x-1}$;　　(2) $y=\sqrt{2^x-8}$.

8. 写出函数$y=5^x+1$的定义域和值域.

4.3　对数函数

4.3.1　对数(第一课时)

一、知识要点： 理解对数及常用对数和自然对数的概念，掌握对数的性质.

二、基础知识

1. 若 $a^b=N$(　　　　　　　　)，则________叫做____________________，N 叫做________，记作________.

2. 对数的性质：__________________没有对数；________对数是 1；________是 0.

3. 对数恒等式__________________.

4. 底是 10 的对数叫________；底是________的对数叫自然对数.

三、巩固练习

A. 基础题

1. 若 $m=n^3(n>0$ 且 $n\neq 1)$，则　　　　　　(　　)

A. $\log_n^m=3$　　B. $\log_3^m=n$　　C. $\log_3^n=m$　　D. $\log_m^n=3$

2. 求下列各式的值：

(1) $\lg 1$；　　(2) $\lg 0.001$；　　(3) $\log_3\dfrac{1}{27}$；　　(4) $\ln e^2$.

3. 求下列各式的值：

(1) $3^{\log_3 7}$；　　(2) $10^{\lg 5}$；　　(3) $e^{\ln 3}$.

B. 提高题

4. 已知$\log_a 9=-2$,则 a 的值为　　　　(　　)

A. -3　　B. $-\frac{1}{3}$　　C. 3　　D. $\frac{1}{3}$

5. 求值:(1) $4^{\log_2 3}=$________;(2) $\log_9 27=$________.

6. 若$|2x-1|+(y-4)^2=0$,则$\log_x y=$________.

4.3.2　对数(第二课时)

一、知识要点:理解指数与对数的关系,能熟练的转化.

二、基础知识

1. 一般地,我们把"以 a 为底 y 的对数"记作:$x=\log_a y(a>0,a\neq 1)$,其中,log 右下角的数 a 是底,y 叫做________,x 是以 a 为底 y 的________.

2. 填表:

	a	b	N
指数式 $a^b=N$	底数		
对数式 $b=\log_a N$			

三、巩固练习

A. 基础题

1. 将下列指数式写出对数式的形式:

(1) $3^3=27$;　(2) $2^{-3}=\frac{1}{8}$;　(3) $2\,016^0=1$;　(4) $9^{\frac{1}{2}}=3$.

2. 将下列对数式写出指数式的形式:

(1) $\log_2 8=3$;　(2) $\log_5 25=2$;　(3) $\log_3 \frac{1}{9}=-2$;　(4) $\log_{\frac{1}{2}} 8=-3$.

3. 用对数的形式表达下列各式中的 x：

(1) $3^x=10$；　　(2) $7^x=8$；　　(3) $4^x=\frac{1}{8}$；　　(4) $10^x=30$.

B. 提高题

4. 求下列各式中的 x 值：

(1) $\log_x(\log_2 x)=2$；　　(2) $\log_2(x^2-1)=0$；

(3) $\log_x(x^2-2x+2)=1$.

5. 若 $\log_a 2=m$，$\log_a 3=n$，求 a^{2m-n}.

4.3.3 积、商、幂的对数

一、知识要点：对数的运算法则.

二、基础知识

积的对数________；商的对数________；幂的对数________.

三、巩固练习

A. 基础题

1. 若 $\log_3 2=a$,则 $\log_3 8-2\log_3 6$ 用 a 表示为 ( )

A. $a-2$　　B. $3a-(1+a)^2$　　C. $5a-2$　　D. $3a-2-a^2$

2. 下列等式成立的是 ( )

A. $\log_2 3\cdot\log_2 3=6$　　B. $\log_2=\dfrac{2}{3}=\dfrac{1}{\log_2 3}$

C. $\log_2\sqrt{3}=\dfrac{1}{2}\log_2 3$　　D. $\log_2 6-\log_2 3=\log_2 3$

3. 计算:(1) $\log_{25}\dfrac{1}{5}=$________;(2) $\log_{\sqrt{2}}2=$________;(3) $\lg 2+\lg 5=$________;(4)$\log_3 81-\log_3 9=$________;(5)$\log_{15}5+\log_{15}3=$________.

B. 提高题

4. $\log_7[\log_3(\log_2 x)]=0$,则 $x^{-\frac{1}{2}}$ 等于 ( )

A. $\dfrac{1}{3}$　　B. $\dfrac{1}{2\sqrt{3}}$　　C. $\dfrac{1}{2\sqrt{2}}$　　D. $\dfrac{1}{3\sqrt{3}}$

5. 计算:(1) $\log_2\sqrt{\dfrac{7}{48}}+\log_2 12-\dfrac{1}{2}\log_2 42$;

(2) $2\log_3 2-\log_3\dfrac{32}{9}+\log_3 8-5^{\log_5 3}$.

4.3.4　换底公式

一、知识要点：换底公式及应用.

二、基础知识

对数的换底公式$\log_a b=$________.

三、巩固练习

A. 基础题

1. $\log_a b \cdot \log_b a$ 的值等于　　（　　）

A. $\log_a ab$　　B. $\log_b ab$　　C. $\log_{a^b} b^a$　　D. 1

2. $\log_{a^m} b^n$ 的值等于　　（　　）

A. $\dfrac{n}{m}\log_a b$　　B. $\dfrac{m}{n}\log_a b$　　C. $\dfrac{n}{m}\log_b a$　　D. $\dfrac{n}{m}$

3. 下列各式的值不等于$\log_a b$ 的是　　（　　）

A. $\dfrac{1}{\log_b a}$　　B. $\log_{a^m} b^m$　　C. $\dfrac{\lg a}{\lg b}$　　D. $\dfrac{\lg b}{\lg a}$

4. 已知 $\lg 2=0.3$，$\lg 7=0.8$，求 $\lg 56$.

B. 提高题

5. 求值：$\log_2 6 \cdot \log_6 16$.

6. 计算：$(\log_3 2+\log_9 2)\cdot(\log_4 3+\log_8 3)$.

4.3.5　对数函数的图像与性质

一、知识要点：对数函数的图像性质及应用.

二、基础知识

对数函数的图像与性质

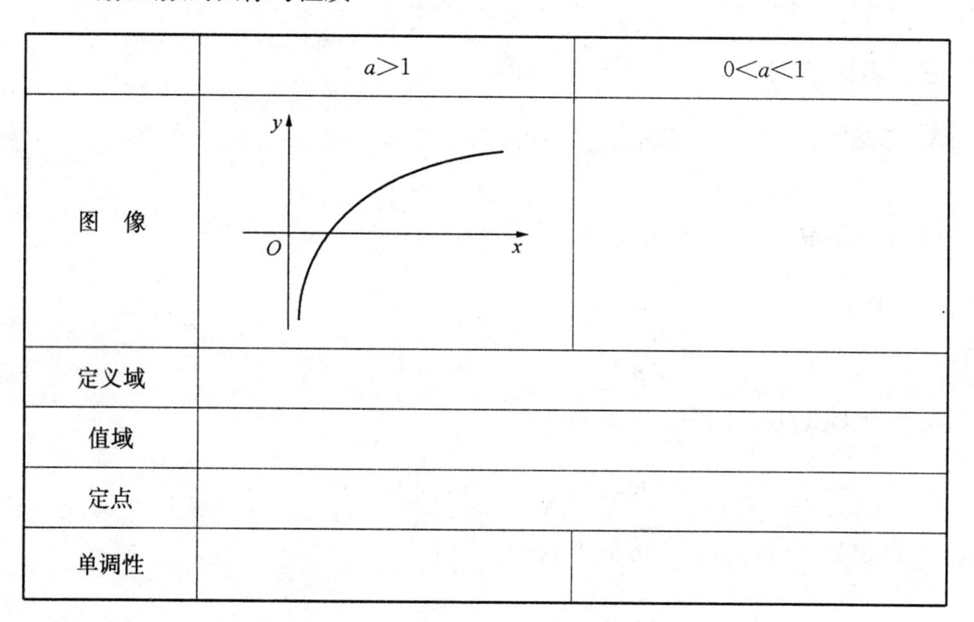

	$a>1$	$0<a<1$
图　像		
定义域		
值域		
定点		
单调性		

三、巩固练习

A. 基础题

1. 函数 $y=\log_a x$ 在定义域$(0,+\infty)$上是增函数，则 a 的取值范围是　(　　)

   A. $a>0$　　B. $a<0$　　C. $a>1$　　D. $0<a<1$

2. 下列函数中，在区间$(0,+\infty)$上是减函数的为　(　　)

   A. $y=2+x$　　B. $y=x^2-2x$

   C. $y=\log_3 x$　　D. $y=\log_{\frac{1}{3}} x$

3. 比较下列各数大小：

   (1) $\log_{1.5}1.4$ ________ $\log_{1.5}1.6$；　(2) $\log_2\dfrac{2}{3}$ ________ $\log_2\dfrac{3}{4}$；

   (3) $\log_{0.7}0.8$ ________ $\log_{0.7}0.9$；　(4) $\log_3 4$ ________ $\log_4 3$.

4. (1) 函数 $y=\log_3(4-2x^2)$的定义域；

(2) 求对数式 $\log_{(2-x)}(x+3)$中 x 的取值范围.

B. 提高题

5. 三个数 $6^{0.7}$，$(0.7)^6$，$\log_{0.7}6$ 的大小顺序是　　　　(　　)

A. $(0.7)^6<\log_{0.7}6<6^{0.7}$　　　　B. $(0.7)^6<6^{0.7}<\log_{0.7}6$

C. $\log_{0.7}6<6^{0.7}<(0.7)^6$　　　　D. $\log_{0.7}6<(0.7)^6<6^{0.7}$

6. 不论 a 取何值，函数 $y=1+\log_a(x+2)$的图像恒过定点________.

7. (1) 函数 $y=\log_3 x$ 与 $y=\log_{\frac{1}{3}}x$ 的图像关于____________对称；

(2) 函数 $y=\log_3 x$ 与 $y=\log_3(-x)$的图像关于____________对称；

(3) 函数 $y=\log_3 x$ 与 $y=-\log_3(-x)$的图像关于____________对称.

8. 若 $\log_a \frac{3}{2}<1$，则 a 的取值范围是______________________.

4.4　指数函数和对数函数的应用

一、知识要点：掌握指数、对数函数的图像和性质，会应用性质灵活解题；能建立指数函数或对数函数的模型解决相关的简单的实际应用问题.

二、基础知识

1. 指数函数 $y=a^x(a>0$ 且 $a\neq 1, x\in\mathbf{R})$图像与性质.

2. 对数函数 $y=\log_a x(a>0$ 且 $a\neq 1)$的图像与性质.

三、巩固练习

A. 基础题

1. 若原价为 100 元的商品经过两次降价,降价幅度均为 20%,则降价后的商品价格为 ( )

A. 60 元　　B. 80 元　　C. 40 元　　D. 64 元

2. 若 $4^{2+\log_4 x}=64$,则 $x=$ ( )

A. -4　　B. 4　　C. 16　　D. $\frac{1}{4}$

3. 已知 $a<b$,则下列关系式正确的是 ( )

A. $a^2<b^2$　　B. $a^2>b^2$　　C. $\ln a<\ln b$　　D. $2^a<2^b$

4. 函数 $f(x)=\sqrt{\frac{\lg(x-2)}{x}}$的定义域是 ( )

A. $[3,+\infty)$　　B. $(3,+\infty)$　　C. $(2,+\infty)$　　D. $[2,+\infty)$

5. 下列函数在定义域上为单调递减的函数是 ( )

A. $f(x)=\left(\frac{3}{2}\right)^x$　　B. $f(x)=\ln x$

C. $f(x)=2-x$　　D. $f(x)=x^2$

6. 函数 $y=\log_a(x+2)$的图像恒过点________.

7. 已知对数函数 $f(x)$的图像过点 $\left(\frac{1}{3},-1\right)$,求函数表达式和 $f(81)$的值,并比较 $f\left(\frac{3}{4}\right)$ 与 $f\left(\frac{4}{3}\right)$的大小.

B. 提高题

8. 一台机床原价值为 100 万元,经过 10 年后价值变为 40 万元,问每年的折旧率为多少?(精确到 0.1%)

9. 某旅游景区，在试营运后一个月内，游客数量直线上升，为了保证景区正常安全运营，后来不得不限制进入景区的游客数量，限流制度实施后，景区内游客数量呈指数下降．游客数量 y（万人）与时间 x（月）之间满足函数关系 $y=\begin{cases}kx(0\leqslant x\leqslant 1)\\ \left(\dfrac{1}{4}\right)^{x-2}(x\geqslant 1)\end{cases}$，如图所示，即开放营运一个月景区内达到最多 4 万人，之后逐渐减少．

(1) 求 k 的值；

(2) 限流制度实施后多久，景区内的人数降到营运后半个月时的数量？

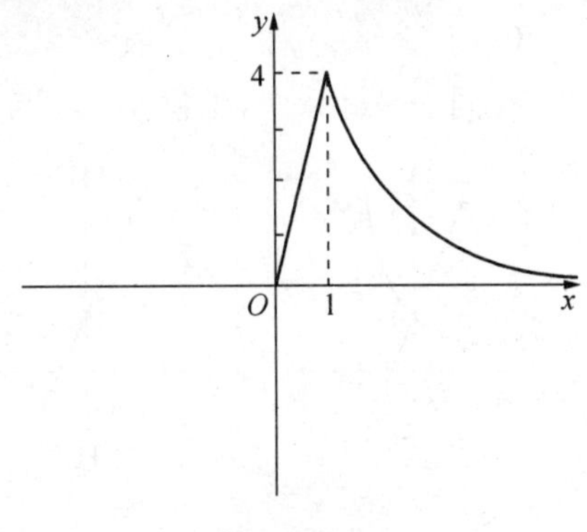

第 9 题图

综合练习

一、选择题

1. 已知函数 $f(x+1)=2^x-1$，则 $f(2)=$ ( )

A. -1　　B. 1

C. 2　　D. 3

2. 在同一坐标系中，函数 $y=a^x$ 与 $y=1-ax$ 的图像只能是 ( )

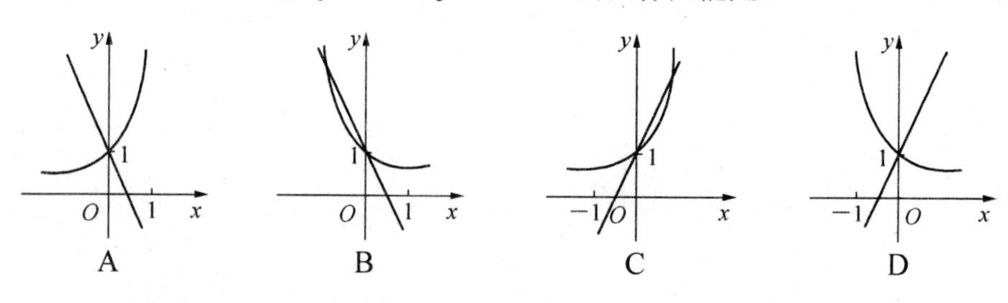

3. 用分数指数幂表示根式 $\sqrt[5]{x^{-2}\sqrt[3]{y}}$，正确的是 ( )

A. $x^{-10}y^{\frac{1}{3}}$　　B. $x^{10}y^{\frac{1}{15}}$

C. $x^{-\frac{2}{5}}y^{\frac{1}{15}}$　　D. $x^{-\frac{2}{5}}y^{\frac{5}{3}}$

4. 若函数 $y=(1-2a)^x$ 在 $\mathbf{R}$ 上是减函数，则实数 a 的取值范围是 ( )

A. $\left(\frac{1}{2},+\infty\right)$　　B. $\left(0,\frac{1}{2}\right)$

C. $\left(-\infty,\frac{1}{2}\right)$　　D. $\left(-\frac{1}{2},\frac{1}{2}\right)$

二、填空题

5. 指数函数 $f(x)=2^x$，当 $f(x)=16$ 时，自变量 x 的值为________.

6. 不等式 $\left(\frac{1}{2}\right)^x<4$ 的解集是________.

7. 若 $a>0$ 且 $a\neq1$，则函数 $y=a^{x-1}-1$ 的图像一定过定点________________.

8. 已知 $a=\sqrt{2}-1$，函数 $f(x)=a^x$，若实数 m,n 满足 $f(m)>f(n)$，则 m,n 的大小关系为________.

三、解答题

9. 计算：$125^{\frac{2}{3}}+\left(\frac{1}{8}\right)^{-\frac{1}{3}}+(\sqrt{3}-\sqrt{2})^{0}$.

10. 如果某种细胞按 1 个分裂成 2 个，2 个分裂成 4 个，4 个分裂成 8 个，……的规律分裂. 那么，为了得到 512 个该生物细胞，要经过几次分裂？

11. 已知函数 $y=a^{x}$ 在 $[-1,0]$ 上的最大值与最小值的和为 3，求 a 的值.

12. 若集合 $A=\{y\mid y=2^{x},x\in\mathbf{R}\}$，$B=\{y\mid y=-x^{2}+1,x\in\mathbf{R}\}$，求 $A\cap B$.

单元检测

一、选择题

1. 若 $a>0$,且 m、n 为整数,则下列各式中正确的是 ( )

A. $a^m \div a^n = a^{\frac{m}{n}}$　　B. $a^m \cdot a^n = a^{m \cdot n}$

C. $1 \div a^n = a^{0-n}$　　D. $(a^m)^n = a^{m+n}$

2. 对于 $a>0, a\neq 1$,下列说法中正确的是 ( )

①若 $M=N$,则 $\log_a M=\log_a N$;　②若 $\log_a M=\log_a N$,则 $M=N$;

③若 $\log_a M^2=\log_a N^2$,则 $M=N$;　④若 $M=N$,则 $\log_a M^2=\log_a N^2$.

A. ①②③④　B. ①③　C. ②④　D. ②③

3. 已知 $a=\log_3 2$,那么 $\log_3 8-2\log_3 6$ 用 a 表示是 ( )

A. $5a-2$　　B. $a-2$

C. $3a-(1+a)^2$　　D. $3a-a^2-1$

4. $(\lg 2)^2+(\lg 5)^2+2\lg 2 \cdot \lg 5$ 等于 ( )

A. 0　B. 1　C. 2　D. 3

5. 在 $b=\log_{(a-2)}(5-a)$ 中,实数 a 的取值范围是 ( )

A. $a>5$ 或 $a<2$　　B. $2<a<3$ 或 $3<a<5$

C. $2<a<5$　　D. $3<a<4$

6. 设 $f(x)=\begin{cases}\log_3 x\,(x>0)\\ 3^x\,(x<0)\end{cases}$,则 $f[f(-3)]$等于 ( )

A. 3　B. -3　C. $\frac{1}{3}$　D. -1

7. 函数 $y=\log_a(x+2)+1$ 的图像过定点 ( )

A. $(1,2)$　　B. $(2,1)$

C. $(-2,1)$　　D. $(-1,1)$

8. 设 $f(\log_2 x)=2^x\,(x>0)$,则 $f(3)$ 的值为 ( )

A. 128　B. 256　C. 512　D. 8

9. 函数 $f(x)=\sqrt{x^2+4}$ 的定义域为　　(　　)

A. $[0,+\infty)$　　B. $(2,+\infty)$

C. R　　D. $(-\infty,2)\cup[2,+\infty)$

10. 某商品价格前两年每年递增 20%，后两年每年递减 20%，则四年后的价格与原来价格比较，变化的情况是　　(　　)

A. 减少 7.84%　　B. 增加 7.84%

C. 减少 9.5%　　D. 不增不减

二、填空题

11. 函数 $f(x)=\log_2(x-3)+\sqrt{7-x}$ 的定义域为________.

12. 已知 $\log_a 16=2, 2^b=8$，则 $a^{-b}=$________.

13. $\log_6[\log_4(\log_3 81)]$ 的值为________.

14. 若 $\log_x(\sqrt{2}-1)=-1$，则 $x=$________.

15. $(\log_2 9)\cdot(\log_3 4)=$________.

16. $y=3^x$ 与 $y=3^{-x}$ 的图像关于________对称.

三、解答题

17. 计算：(1) $27^{\frac{2}{3}}+\left(\frac{1}{2}\right)^{-2}+\lg 100-\log_2 8$;

(2) $\log_2 18-2\log_2 6+3^{\log_3 5}+\log_4 16-8^{\frac{2}{3}}+\ln\sqrt{e}$.

18. 已知 $a>1$,解关于 x 的不等式:$\log_a(2x-1)<\log_a(x+3)$.

19. 求函数 $y=\frac{\lg(|2x-1|-3)}{\sqrt{-x^2+2x+3}}+\left(x-\frac{5}{2}\right)^0$ 的定义域.

20. 已知函数 $f(x)=\log_{|a-2|}x$ 在$(0,+\infty)$上是增函数,求实数 a 的范围.

21. 已知对数函数 $f(x)$ 的图像过点 $\left(\frac{1}{81},4\right)$，求此函数表达式，并试比较 $f(3)$ 与 $f(\pi)$ 的大小.

22. 已知 $f(x)=\begin{cases}2^{-x}, x\in(-\infty,1]\\ \log_{81}x, x\in(1,+\infty)\end{cases}$，求 $f(x)=\frac{1}{4}$ 的 x 的值.

指数函数与对数函数测试卷

(满分:100 分)

一、选择题(本大题共 10 题,每小题 4 分,满分 40 分)

1. 函数 $y=a^{2x-1}(a>0,a\neq1)$过定点,则这个定点是 (　　)

A. $\left(0,\frac{1}{2}\right)$　　B. $(1,0)$　　C. $\left(\frac{1}{2},1\right)$　　D. $(2,1)$

2. 函数 $y=\log_a(x-1)$的图像恒过点 (　　)

A. $(0,1)$　　B. $(1,0)$　　C. $(2,0)$　　D. $(3,0)$

3. 函数 $y=\sqrt{\log_{\frac{1}{2}}x-1}$的定义域为 (　　)

A. $(0,1]$　　B. $\left(0,\frac{1}{2}\right]$　　C. $(0,2]$　　D. $(2,3]$

4. 下列不等式中,正确的是 (　　)

A. $\log_{0.3}4>\log_{0.3}3$　　B. $\log_{0.5}0.8>1$

C. $\log_2 1<\log_3\frac{2}{9}$　　D. $\log_3\frac{2}{3}<\log_3\frac{3}{2}$

5. 对于 $a>0,a\neq1$,下列说法中正确的是 (　　)

① 若 $M=N$,则 $\log_aM=\log_aN$;　　② 若 $\log_aM=\log_aN$,则 $M=N$;

③ 若 $\log_aM^2=\log_aN^2$,则 $M=N$;　　④ 若 $M=N$,则 $\log_aM^2=\log_aN^2$.

A. ①②③④　　B. ①③　　C. ②④　　D. ②

6. 已知$\log_a\frac{1}{2}<\log_a\frac{1}{3}$,则 a 的取值范围是 (　　)

A. $a>1$　　B. $0<a<1$　　C. $a<1$　　D. $a<0$

7. 在同一坐标系中,函数 $y=3^{-x}$与 $y=\log_3x$ 的图像是 (　　)

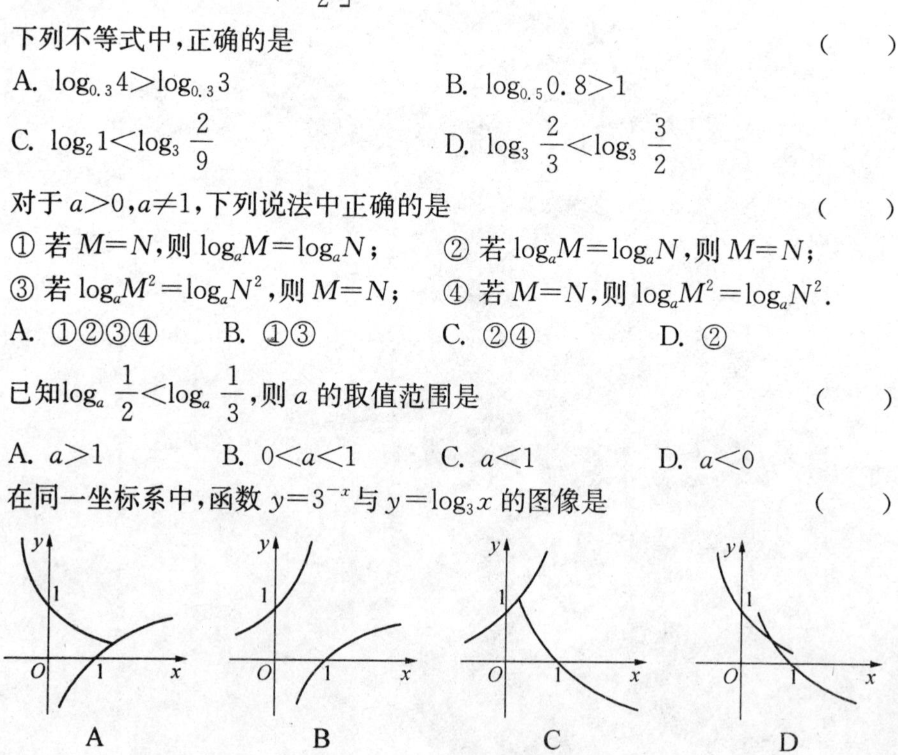

A　　B　　C　　D

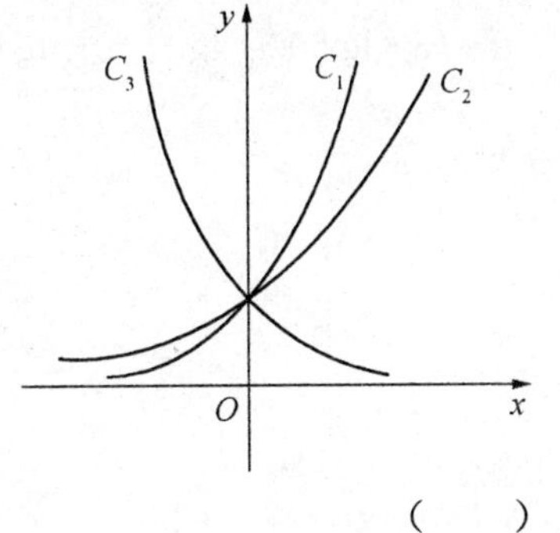

8. 如图所示,已知指数函数的图像 $C_1: y=a_1^x$,

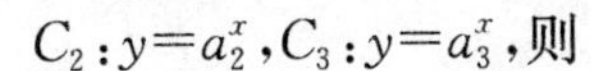

$C_2: y=a_2^x$, $C_3: y=a_3^x$,则

(　　)

A. $0<a_3<a_2<a_1$

B. $0<a_1<1<a_2<a_3$

C. $0<a_3<1<a_2<a_1$

D. $0<a_3<1<a_1<a_2$

9. 若函数 $f(x)=\log_a x\ (0<a<1)$ 在区间 $[2a, 4a]$ 上的最大值是最小值的 3 倍,则 $a=$ (　　)

A. $\frac{1}{8}$　　B. $\frac{1}{4}$　　C. $\frac{\sqrt{2}}{4}$　　D. $\frac{\sqrt{2}}{8}$

10. 某商品价格前两年每年递增 20%,后两年每年递减 20%,则四年后的价格与原来价格比较,变化的情况是 (　　)

A. 减少 7.84%　B. 增加 7.84%　C. 减少 9.5%　D. 不增不减

二、**填空题**(本大题共 5 小题,每小题 4 分,满分 20 分)

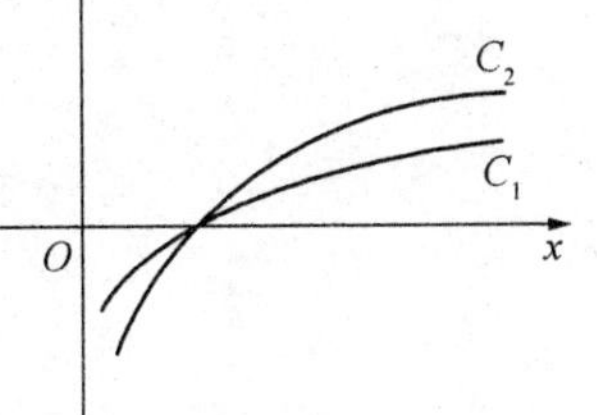

11. 如图所示,已知对数函数 $C_1: y=\log_b x$, $C_2: y=\log_c x$,则 b, c 的大小是________.

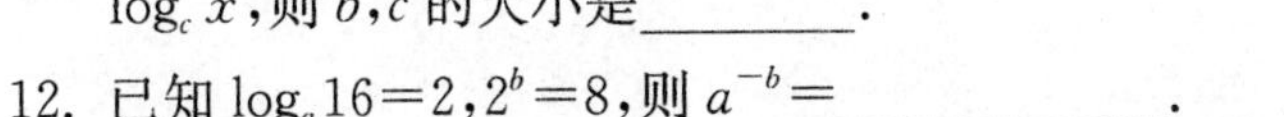

12. 已知 $\log_a 16=2$, $2^b=8$,则 $a^{-b}=$__________.

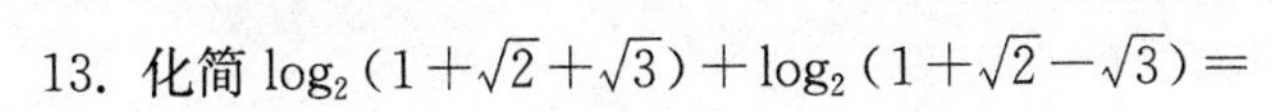

13. 化简 $\log_2(1+\sqrt{2}+\sqrt{3})+\log_2(1+\sqrt{2}-\sqrt{3})=$__________.

14. $\log_6[\log_4(\log_3 81)]=$__________.

15. 若 $\log_x(\sqrt{2}-1)=-1$,则 $x=$__________.

三、**解答题**(本大题共 5 题,满分 40 分)解答应写出文字说明及演算步骤.

16. (9 分)化简或求值:

(1) $(\lg 2)^2+\lg 5 \cdot \lg 20$;　　(2) $\left(-\frac{1}{3}\right)^{-2}+5^{\log_5 6}-\log_8 9 \cdot \log_9 8$;

(3) $\lg 500+\lg \dfrac{8}{5}-\dfrac{1}{2}\lg 64+50(\lg 2+\lg 5)^2$.

17. (8 分)已知 $f(x)=\log_2 \dfrac{1+x}{1-x}$,

(1) 求 $f(x)$的定义域;

(2) 求使 $f(x)>1$ 的 x 的取值范围.

18. (7 分)已知函数 $f(x)=\log_{|a-2|} x$ 在$(0,+\infty)$上是增函数,求实数 a 的范围.

19. (6 分)某公司今年总产值 30 亿元，如果年平均增长率为 8%，那么多少年后公司总产值能够达到 60 亿元？($\lg 1.08\approx 0.0334$，$\lg 2\approx 0.301$)

20. (10 分)设函数 $f(x)=a-\dfrac{2}{2^x+1}$，证明：不论 a 为何实数，函数 $f(x)$ 总为增函数.

综合测试卷

(满分:100 分)

一、选择题(本大题共 15 题,每小题 3 分,满分 45 分)

1. 给出下列四个结论:其中正确的是 ( )

① $\{1,2,3,3\}$是由 4 个元素组成的集合;

② 集合$\{2\}$表示仅由一个“2”组成的集合;

③ $\{1,2,3\}$与$\{2,3,1\}$是两个不同的集合;

④ 集合{无理数}是一个有限集.

A. ③④　　B. ②③④　　C. ②　　D. ①

2. 已知 $I=\{a,b,c,d,e,f\}$,$A=\{a,c,d,f\}$,$B=\{f\}$,则$(C_IA)\cup B=$ ( )

A. $\{b,f\}$　　B. $\{a,b,e\}$　　C. $\{b,e,f\}$　　D. $\{f\}$

3. 设集合 $A=\{(x,y)|xy>0\}$,$B=\{(x,y)|x<0,y<0\}$,则正确的是 ( )

A. $A\cap B=\varnothing$　　B. $A\supseteq B$

C. $A\cup B=B$　　D. $A\subseteq B$

4. 下列命题中的真命题共有 ( )

① $x=-1$ 是 $x^2-2x-3=0$ 的充分条件;

② $x=-1$ 是 $x^2-2x-3=0$ 的必要条件;

③ $x=y$ 是$|x|=|y|$的必要条件;

④ $x=2$ 且 $y=\dfrac{1}{2}$是$|x-2|+(2y-1)^2=0$ 的充要条件.

A. 1 个　　B. 2 个　　C. 3 个　　D. 4 个

5. 若$1<a<2$,则 ( )

A. $a<2a<a^2$　　B. $2a<a<a^2$

C. $a^2<2a<a$　　D. $a<a^2<2a$

6. 已知一元二次方程$2x^2-ax+2=0$ 有实数解,则 a 的取值范围是 ( )

A. $(-\infty,-4)\cup(4,+\infty)$　　B. $[-4,4]$

C. $(-4,4)$　　D. $(-\infty,-4]\cup[4,+\infty)$

7. 不等式 $x^2+2x+1>0$ 的解集是　　(　　)

A. $\varnothing$　　B. $\mathbf{R}$

C. $\{x|x\neq-1\}$　　D. $\{x|x\neq1\}$

8. $3^{-2}\times81^{\frac{3}{4}}$ 的计算结果为　　(　　)

A. 3　　B. 9　　C. $\frac{1}{3}$　　D. 1

9. 下列函数中,在$(-\infty,0)$上为减函数的是　　(　　)

A. $y=-\frac{1}{x}$　　B. $y=-x^2$　　C. $y=3x^2+1$　　D. $y=7x-4$

10. 已知函数 $f(x)=\begin{cases}\sqrt{2x+1}(x\geqslant4)\\2(x<4)\end{cases}$,则 $f(4)$,$f(0)$的函数值分别为　　(　　)

A. 2,2　　B. 3,$\sqrt{3}$　　C. 3,2　　D. 2,3

11. 设函数 $f(x)=2x^2-ax+1$,若 $f(3)=-2$,则 $a=$　　(　　)

A. 3　　B. 5　　C. 7　　D. 9

12. 若 $a>0$,且 m,n 为整数,则下列各式中正确的是　　(　　)

A. $a^m\div a^n=a^{\frac{m}{n}}$　　B. $a^m\cdot a^n=a^{m\cdot n}$

C. $1\div a^n=a^{0-n}$　　D. $(a^m)^n=a^{m+n}$

13. 计算$(\lg 2)^2+(\lg 5)^2+2\lg 2\cdot\lg 5$ 等于　　(　　)

A. 0　　B. 1　　C. 2　　D. 3

14. 已知 $a=\log_3 2$,那么 $\log_3 8-2\log_3 6$ 用 a 表示是　　(　　)

A. $5a-2$　　B. $a-2$

C. $3a-(1+a)^2$　　D. $3a-a^2-1$

15. 某商品原价 200 元,若连续两次涨价 10%后出售,则新售价为　　(　　)

A. 222 元　　B. 240 元　　C. 242 元　　D. 484 元

二、填空题(本大题共 5 小题,每小题 3 分,满分 15 分)

16. 已知 $A=\{(x,y)\mid x-y=7\}$,$B=\{(x,y)\mid 3x+y=5\}$,那么 $A\cap B=$ ________.

17. 如果 $b=\log_{(a-2)}(5-a)$,那么实数 a 的取值范围是________.

18. 不等式 $2x^2-3x-2<0$ 的解集是________________(用区间表示).

19. 设函数 $y=\sqrt{x^2-1}+\sqrt{1-x^2}-x$,则函数的定义域为________,值域是________.

20. 对数函数的性质:

$y=\log_a x$	$a>1$	$0<a<1$
图　像		
定义域		
值域		
单调性		

三、解答题(本大题共 5 题,满分 40 分)解答应写出文字说明及演算步骤.

21. (6 分) 设全集 $U=\{2,4,4-a^2\}$, $A=\{-5\}$, $\complement_U A=\{2,a^2-a-2\}$, 求 a 的值.

22. (6 分)计算:

(1) $\log_{2.5}6.25+\lg\dfrac{1}{1\,000}+e^{\ln\sqrt{e}}+(32)^{\frac{3}{5}}$;

(2) $(0.027)^{-\frac{1}{3}}+(2-1)^0-3^{-1}-\left(-\dfrac{4}{9}\right)$.

23. (8 分)已知$\log_a x^2 > \log_a(4x+5)$,求 x 的取值范围.

24. (12 分)设函数 $f(x)=-2x^2+1$,则:

(1) 求 $f(-3)$,$f(0)$,$f(3)$ 的值;

(2) 判断此函数的奇偶性;

(3) 证明此函数在$(-\infty,0)$上为增函数.

25. (8 分)已知二次函数 $f(x)$满足 $f(0)=1$,及 $f(x+1)-f(x)=2x$.

(1) 求 $f(x)$的解析式;

(2) 若 $g(x)=f(\log_a x)(a>0$ 且 $a\neq 1)$,$x\in\left[a,\frac{1}{a}\right]$,试求 $g(x)$的值域.

图书在版编目(CIP)数据

数学巩固与提高．第一册 / 傅钦志主编．—南京：南京大学出版社，2016.8

ISBN 978-7-305-17481-0

Ⅰ．①数… Ⅱ．①傅… Ⅲ．①中学数学课—高中—习题集 Ⅳ．①G634.605

中国版本图书馆 CIP 数据核字（2016）第 197118 号

出版发行 南京大学出版社
社 址 南京市汉口路 22 号 邮编 210093
出 版 人 金鑫荣

书 名 数学巩固与提高(第一册)
主 编 傅钦志
责任编辑 张小燕 耿士祥 编辑热线 025-83686531

照 排 南京理工大学资产经营有限公司
印 刷 丹阳市兴华印刷厂
开 本 787×960 1/16 印张 7.75 字数 135 千
版 次 2016 年 8 月第 1 版 2016 年 8 月第 1 次印刷
ISBN 978-7-305-17481-0
定 价 16.00 元

网 址：http://www.njupco.com
官方微博：http://weibo.com/njupco
微信服务号：njuyuexue
销售咨询热线：(025)83594756
